食在好味 THE FOOD IN GOOD TASTE

SUPER POPULAR CHILDREN'S FOOD

中国美食 烹饪大师 甘智荣 主编

超人气
＝ 儿童佳肴 ＝

新疆人民出版总社
新疆人民卫生出版社

图书在版编目（CIP）数据

超人气儿童佳肴 / 甘智荣主编． -- 乌鲁木齐 ： 新疆人民卫生出版社，2016.6

（食在好味）

ISBN 978-7-5372-6569-0

Ⅰ．①超… Ⅱ．①甘… Ⅲ．①儿童—菜谱 Ⅳ．① TS972.162

中国版本图书馆 CIP 数据核字（2016）第 112892 号

超 人 气 儿 童 佳 肴

CHAORENQI ERTONG JIAYAO

出版发行	新疆 人民出版总社 新疆 人民卫生出版社
责任编辑	张 鸥
策划编辑	深圳市金版文化发展股份有限公司
摄影摄像	深圳市金版文化发展股份有限公司
封面设计	深圳市金版文化发展股份有限公司
地　　址	新疆乌鲁木齐市龙泉街 196 号
电　　话	0991-2824446
邮　　编	830004
网　　址	http://www.xjpsp.com
印　　刷	深圳市雅佳图印刷有限公司
经　　销	全国新华书店
开　　本	173 毫米 ×243 毫米　　16 开
印　　张	10
字　　数	200 千字
版　　次	2016 年 9 月第 1 版
印　　次	2016 年 9 月第 1 次印刷
定　　价	29.80 元

6~12岁的儿童处于一个特殊的年龄段，他们的身体比婴幼儿更加强壮，比成年人则羸弱有余，可以说是人生的一个过渡阶段。在这一时期，儿童对营养的需求各有特点，所以家长要格外留心，在繁忙工作之余，也要注意孩子的一言一行，及时发现存在的问题。如过早近视可能是缺乏维生素A的信号；个子比别的孩子要矮，可能是缺乏维生素D和钙的原因；宝宝老是生病，则是免疫力的问题……发现问题后，就要对症下"菜"。有些问题是需要专业的医师来解答，但是"是药三分毒"，而且对于身体还未定型的孩子来说，吃过多的药、摄入过多的激素会促使其生长系统紊乱，最终导致生长发育的变异，所以，最根本的方式就是通过食疗的方式来吸收身体发育各方面所需要的营养。民以食为天，对于这个年龄段的孩子来说更是如此，所以父母身上的担子就更重了。

6~12岁的儿童大都已经入学，因此，父母在安排孩子膳食方面应该充分考虑到这点，多给孩子补充健脑益智类物质，以补充学习时的消耗。本书共收录了136道儿童佳肴，分食材介绍，每个食材都有功效介绍，且基本上做到食材配有一菜一汤，相得益彰，使您吃得放心。其中的二维码视频可以边看边学，即使是生手也可以快速上手，为孩子备上一份爱的菜肴。

目录

part 1

儿童爱上吃饭
有办法

part 2

健脑益智餐
全心全意为学习加分

Part 3

强筋壮骨餐
把握孩子发育好时机

Part 4

增强免疫力餐
宝宝在美味中成长

安神助眠餐
给孩子最好的摇篮曲

视力保健餐
孩子远离"恶"视力

减肥餐
孩子形体管理从小开始

合理膳食

PART 1

儿童爱上吃饭有办法

6~12岁的孩子生理、心理都处于快速发展时期，这一阶段，吃饭的重要性就凸显出来了。让宝宝爱吃饭、会吃饭、好吸收，孩子才会健康成长，家长才能放心。

6～12岁的儿童生理发展特征

从出生到成熟，人的身高和体重的发展会出现两个高峰期：一次是在出生后的第一、二年，另一次为青春期。小学阶段正好在这两个高峰期之间，儿童身高年增长4～5厘米，体重年增长1.5～2.5千克，是相对平稳的过渡期。

最明显的生理发展特征

学龄儿童继续生长发育，身体各项功能也在不断增强，主要表现为：新陈代谢旺盛；体格发育快速增长；骨骼逐渐骨化，肌肉力量尚弱；乳牙脱落，恒牙萌出；心率减慢，呼吸力量增强。这期间，孩子已经进入发育与学习的阶段，糖类和蛋白质可以让儿童有足够的体力与脑力充分学习及生长发育；适量的脂肪可以补充儿童的能量；维生素和矿物质虽无法提供热能，均衡摄取却能提高免疫力、维持正常的生理机能。此期间身体发展最明显的部分就是骨骼和肌肉。

➲ 骨骼

骨骼的硬化是逐渐完成的，一般要到身体发育完全成熟时，骨骼硬化才完成。儿童的骨骼比较柔软，未完全钙化（有机成分多，无机成分如钙质较少），因此儿童骨骼的特点是硬度小、韧性大，不易骨折，但易变形。家长需要注意的是，若不及时纠正孩子坐、立、走的姿势，由于孩子骨骼软的特点，就会形成脊柱、胸骨变形，这对儿童健康的生长发育是不利的。

➲ 肌肉

肌肉也是随着年龄的增长而发育的。儿童因为骨骼的发育快于肌肉，所以一般都显得细长、柔软、松弛。就肌肉发育的特征说来，是大肌肉发育先于小肌肉，即手臂、腿部肌肉发育早，而手指等部分的小肌肉发育较晚。

Part 1

6~12岁的儿童饮食营养须知

6~12岁的孩子在各方面所需的营养元素都有其各自的特点，不可把成人的一套强加于他们身上，而应该在充分了解其生长发育特点的基础之上，对症下"药"，补其不足，去其所余，让孩子行走在健康的轨道上。

启蒙期儿童的营养和膳食特点

在饮食方面，6~12岁的儿童应全面、均衡地摄取营养。为了满足中小学生生长发育所需要的营养，父母必须充分考虑启蒙期儿童的生理特点和生长速度，根据新陈代谢和运动量的大小，来科学安排其膳食。

由于启蒙期的儿童生长发育需要的优质蛋白质最多，所以需经常摄入一些富含优质蛋白质的食物，如禽畜肉、蛋、奶、鱼、豆制品等，同时要适当补充一些脂肪和糖类。

学龄前儿童正处于迅速发育阶段，对维生素、钙等营养要求较高，这个时期应注意膳食的多样化，且量要充足，做到营养平衡合理，可合理地补充钙、铁、锌等微量元素。同时要引导孩子吃粗细搭配的多种食物，并应避免偏食、挑食等不良习惯。

另外，这一阶段的儿童应饮用清淡而充足的饮料，控制含糖饮料和糖果的摄入，养成少吃零食的习惯。

启蒙期儿童膳食安排的注意事项

6~12岁的启蒙期儿童的生活节奏和成人相差无几，但其胃容量小，消化能力尚未完全成熟，所以还需要加以照顾。而小学高年级后期的孩子进入复习升学考试期，也进入了生长的突增期。这一时期他们因集中注意力专心学习，活动时间减少，压力增大，生长发育快，对各类营养素的需要量增加，所以在膳食安排上应注意以下方面。

➲ 营养素的供给

在平衡膳食热能的前提下，注意蛋白质的质与量以及其他营养素的供给。选择食物要多样化，平衡搭配，并保证数量充足。选择的主副食应粗细搭配、荤素适当、干稀适宜，并多供给乳类和豆制品，保证蛋白质和钙、铁的充足供应。

➲ 合理安排三餐

三餐应安排合理，除三餐外还应增加一次点心供应，能量分配可为早餐20%~25%、午餐35%、点心10%~15%、晚餐30%。早餐要丰富质优，使孩子吃饱、吃好，如果不吃早餐或者吃不好，孩子不到午餐时间就出现饥饿感，影响学习的同时还危害了健康。早餐可选择面包、蛋糕、鸡蛋及稀粥等食物。午餐也要给予充分重视，有条件的可以在学校吃学生营养餐，或让家长提供质量较好的午餐，因为整个下午的学习和活动需要充足的营养供应。晚餐则要适当丰盛，一般家庭的晚餐也最为正式，对补充学生中午营养和能量的摄入不足很有好处，要注意的是，摄入的食物不要过于油腻或吃得过饱，否则会影响休息和睡眠。

➲ 维生素的摄取

每天摄取蔬菜要足够，时令水果也要适量食用，这样有助于维生素和矿物质的摄取。要特别注意对钙、锌、铁、铜、镁等矿物质和维生素A、维生素B_1、维生素B_2、维生素B_6、维生素B_{12}、维生素C、维生素E的摄取。

➲ 良好的饮食习惯

培养良好的饮食习惯，注意饮食卫生，饭前便后应洗手。进餐时精神放松、心情愉快、细嚼慢咽，养成不偏食、不挑食、少吃零食的好习惯。

蔬菜类的选购及处理

蔬菜的种类繁多，不一而论，这里选取有代表性的几种蔬菜，分为叶菜类、块根类和瓜果类三方面进行梳理。

叶菜类

■ 如何选购白菜

叶子的绿色带有光泽，而且具有质重感的白菜是新鲜的。切开时，切口处白白嫩嫩则意味着白菜的新鲜度很高。切开的时间过长，则切口处会呈现茶色，因此应该特别注意。

■ 如何选购花菜

花球雪白、花柱细、坚硬结实、肉厚且脆嫩、不腐烂的为好。花球松散不紧凑、颜色发黄甚至发黑、湿润或枯萎的花菜质量不高，味道也不好，营养价值不高。

■ 如何辨别黄花菜的优劣

枝条长而粗壮，颜色发亮，粗细均匀则为上品；颜色深黄且微微发红，枝条短且瘦则为中品；颜色呈黄褐，枝条短且蜷曲、长短不一，带有泥沙的为下品。用手攥一把黄花菜，若手感柔软，弹性好，松手后黄花菜也随即松散的，则水分少；松手后黄花菜不散开，则水分较多；若松手后还有粘稠感，则表示已经变质。

块根类

如何选购白萝卜

表皮细嫩且光滑，比重大，用手指弹，声音沉重、结实的为佳，声音浑浊的次之。选购时应该以个头大小均匀、根形圆整、表皮光滑的为佳。

如何选购芦笋

芦笋是以幼茎作为蔬菜的，出土之前就采收的幼茎因颜色白嫩成为白芦笋；出土后见光采收的幼茎呈绿色，成为绿芦笋。选购时，质量上乘的白芦笋全株洁白、形状正直、笋尖鳞片紧密、未长腋芽、外观无损者为佳；绿芦笋需留意笋尖，鳞片紧密且还没展开则为佳品，此类芦笋吃起来脆嫩，口感极好。

瓜果类

如何选购莲藕

莲藕一般都很脆嫩，但底端的质地粗老、口感差，而最顶端的又太嫩。选购时要选择那些藕节短肥粗大、表皮鲜嫩无损伤、藕身圆滑笔直、用手敲打会有厚实感的莲藕。

如何选购冬笋

挑选那些两头小中间大、驼背鳞片、略带茸毛、皮黄肉白、鲜嫩水灵者为佳。

如何选购丝瓜

丝瓜最常见的种类包括线丝瓜和胖丝瓜。线丝瓜细且长，应选择那些表面无皱、水嫩饱满、皮色翠绿的；胖丝瓜则相对来说比较短，购买时以大小适中、便面有细纹、附有一层白绒者为佳。

如何选购黄瓜

新鲜的黄瓜表面有细刺，类似于一个个小疙瘩，颜色鲜亮翠绿，切口处平滑、不粗糙的就是好黄瓜。

肉类的选购及处理

肉类在儿童成长过程中发挥着不可替代的作用，这里选取几种较为常见的肉类来讲解。

猪肉的选购

新鲜猪肉肤色均匀，有光泽，脂肪洁白；外表微干或者微微湿润，不黏手；指压后凹陷立即恢复，具有新鲜猪肉的正常气味。次鲜猪肉的肌网色稍暗，脂肪缺乏光泽；外表干燥或者粘手，新切面湿润，指压后的凹陷恢复慢或者不能完全恢复。以下向大家介绍几种常见的"问题"猪肉。

⮑ 注水猪肉

注水猪肉表面发胀、发亮，非常湿润，结缔组织呈水泡样，新鲜的切口有小水珠往外渗。

⮑ 变质猪肉

变质猪肉外表有干黑的粘液，有时甚至会有霉层，切面发暗而湿润，弹性减弱，脂肪发暗无光泽，筋腱略有软化，呈白色或者淡灰色。

⮑ 黄疸猪肉

猪肉血液中的胆红素浓度增高，使动物的皮肤、黏膜、脂肪、肌肉和实质器官呈现黄色，称为"黄疸"。此种肉放置时间越长，黄色越深。

⮑ 病猪肉

病猪肉通常是急宰的猪，肉体明显放血不净，肌肉颜色很深或者呈暗红色，可见暗红色血浸润区，指压有暗红色血液滴出，将脂肪组织染成红色。

⮑ 死猪肉

死猪肉一般表现为放血不尽，切割线平直、光滑，无皱缩和血液浸染现象，肉呈黑色且带有蓝紫色，切面有黑红色血液浸润并流出。死猪肉的宰杀刀口不外翻，切面平整光滑，刀口周围无血液浸染的现象。

牛肉的选购

➲ 新鲜牛肉

均匀的红色有光泽，脂肪为洁白或者淡黄色，外表微干或有风干膜，富有弹性。牛肉接触到氧气就会变红，肉片相叠的部分发黑，这并不是腐烂。

➲ 变质牛肉

色暗无光泽，脂肪为蛋黄绿色，黏手或者极度干燥，新切面发粘，用手指压后凹陷不能复原，留下明显的指压痕。整体变黑或脂肪部分变黄都表示肉质不新鲜；包装若有肉汁渗出，也表示牛肉不新鲜。

鸡肉的选购

新鲜鸡肉眼球饱满，皮肉有光泽，因品种不同可呈淡黄、淡红和灰白等颜色，具有新鲜鸡肉的正常气味，肉表面微干或为湿润，不黏手，指压后的凹陷能立刻恢复。优质的冻鸡肉解冻后，眼球饱满、平坦，皮肤有光泽，因品种不同而呈黄、浅黄、淡红、灰白等颜色，鸡肉切面有光泽，气味正常。

羊肉的选购

➲ 新鲜羊肉

色彩鲜亮，呈现鲜红色，有光泽，肉细而紧密，有弹性，外表略干，不黏手，气味新鲜。老羊肉肉质略粗，不易煮熟；小羊肉肉质坚而细，富有弹性。

➲ 变质羊肉

冻得颜色发白的羊肉一般已超过了3个月。而反复解冻的羊肉也不新鲜，往往呈暗红色。外表黏手，肉质松弛无弹性，有异味，甚至有臭味。另外，羊肉的脂肪部分应该是洁白细腻的，如果变黄说明冻了很久。

鱼类的选购及处理

怎样挑选鲜鱼？

质量上乘的鲜鱼，眼睛光亮透明，眼球略凸，眼珠周围没有因充血而发红；鱼鳞光亮、整洁、紧贴鱼身；鱼鳃紧闭，呈鲜红或紫红色，无异味；肛门紧缩，清洁，呈苍白或淡粉色；腹部发白，不膨胀，鱼体挺而不软，有弹性。若鱼眼混浊，眼球下陷或破裂，脱鳞鳃张，肉体松软，色暗，有异味，则是不新鲜的劣质鱼。

怎样识别鱼是否被污染？

⭕ 看鱼形

污染较严重的鱼，其鱼形不整齐，比例不正常，脊椎、脊尾弯曲僵硬，或头大而身瘦、尾小又长。这种鱼容易含有铬、铅等有毒有害的重金属。

⭕ 观全身

鱼鳞部分脱落，鱼皮发黄，尾部灰青，鱼肉呈绿色，有的鱼肚膨胀，这是铬污染或鱼塘中存有大量碳酸铵的化合物所致。

⭕ 辨鱼鳃

鱼表面看起来新鲜，但鱼鳃不光滑，形状较粗糙，且呈红色或灰色，大多是被污染的鱼。

⭕ 看鱼眼

鱼看上去虽然体形、鱼鳃正常，但其眼睛浑浊、失去光泽，眼球甚至明显向外凸起，这也可能是被污染的鱼。

⭕ 闻气味

被不同毒物污染的鱼有不同的气味：煤油味是被酚类污染；大蒜味是被三硝甲苯污染；杏仁苦味是被硝基苯污染；氨水、农药味是被氨盐类、农药污染。

如何辨别海鱼和淡水鱼?

主要从鱼鳞的颜色和鱼的味道加以区别：海鱼的鳞片呈灰白色，薄而光亮，食之味道鲜美；淡水鱼的鳞片较厚，呈黑灰色，食之有土腥味。

鱼类如何处理?

● 一定要彻底抠除全部鳃片，避免成菜后鱼头有沙、难吃。

● 鱼下巴到鱼肚连接处的鳞紧贴皮肉，鳞片碎小，不易被清除，却是导致成菜后有腥味的主要原因。在加工淡水鱼和一部分海鲜鱼类时，需特别注意削除颌鳞。

● 鲢鱼、鲫鱼、鲤鱼等塘鱼的腹腔内有一层黑膜，既不美观，又是腥味的主要根源，清洗时一定要将其刮除干净。

● 鱼的腹内、脊椎骨下方隐藏有一条血筋，加工时要用尖刀将其挑破，冲洗干净。

● 有时保留鱼鳍只是为了成菜的美观，若鱼鳍零乱松散，就应适当修剪或全部剪去。

● 鲤鱼等鱼的鱼身两侧各有一根细而长的酸筋，应在加工时剔除。宰杀去鳞后，顺着从头到尾的方向将鱼身抹平，就可看到在鱼的侧面有一条深色的线，酸筋就在这条线的下面。在鱼身最前面靠近鳃盖处割一刀，就可看到一条酸筋，一边用手捏住细筋往外轻拉，一边用刀背轻拍鱼身，直至将两面的酸筋全部抽出。

● 鱼胆不但有苦味，而且有毒。宰鱼时如果碰破了苦胆，高温蒸煮也不能消除苦味和毒性，但是用酒、小苏打或发酵粉却可以使胆汁溶解。因此，在沾了胆汁的鱼肉上涂上一些酒、小苏打或发酵粉，再用冷水冲洗，苦味便可消除。

PART 2

日常食补

健脑益智餐——全心全意为学习加分

哪位妈妈不想自家宝宝聪明伶俐？
宝宝的饮食起着至关重要的作用。
本章节按照食物功能有针对性地介绍了
补充大脑发育所需的物质，
让宝宝想不聪明都难！

核桃

核桃不仅含有丰富的维生素 B 族和维生素 E，还含有微量元素锌和锰，有健脑、增强记忆力的作用。此外，核桃中还含有大量脂肪，是肠道的"清道夫"，能帮助排除体内垃圾，使孩子远离便秘。

 核桃仁粥

烹饪时间　42 分钟

[原料]

核桃仁 .... 10 克
大米.................... 350 克

[做法]

1　将核桃仁切碎，备用。砂锅中注清水烧热，倒大米，拌匀。

2　盖上盖，用大火煮开后转小火煮 40 分钟至大米熟软。

3　揭盖，倒入核桃仁，拌匀，略煮片刻，关火盛出，装碗中。

4　待稍微放凉后即可食用。

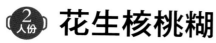

花生核桃糊

烹饪时间　3分钟

[🥄 原料]

糯米粉 90克
核桃仁 60克
花生米 50克

[🧂 调料]

糖 .... 适量

[🥄 做法]

1 取榨汁机，选择干磨刀座组合，倒入花生米、核桃仁，拧紧。

2 通电后选择"干磨"功能，精磨至粉末状。断电后倒出，装碗中，制成核桃粉。

3 糯米粉放碗中，注清水，调匀，制成生米糊，待用。

4 砂锅中注清水烧开，倒入核桃粉，用大火拌煮至沸，放生米糊，边倒边搅拌。

5 转中火煮约2分钟，加入适量白糖调味，关火后盛出，装碗即可。

榛子

榛子含有人体需要的8种氨基酸，多食榛子不仅可以提高记忆力，还能帮助孩子提高判断力，改善视觉神经，可以帮助孩子变得更聪明！榛子中的精氨酸和天冬氨酸可以提高人体免疫力，帮助宝宝健康长大。

榛子粳米粥

2人份

烹饪时间　51分钟

[原料]

水发粳米.............230克
榛子仁粉...............40克

[做法]

1 砂锅中注清水大火烧热，倒入粳米，搅拌片刻。

2 盖上盖，煮开后转小火煮40分钟，掀开盖，倒入榛子仁粉，搅拌匀。

3 盖上盖，续煮10分钟，掀开盖，持续搅拌片刻。

4 关火后，将煮好的榛子粳米粥盛出装碗中即可。

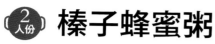

榛子蜂蜜粥

2人份

烹饪时间　31 分钟

[原料]

水发大米............230 克
榛子仁粉..............40 克

[调料]

蜂蜜........................适量

[做法]

1　砂锅注入适量清水，大火烧热，倒入大米，搅拌均匀。

2　盖上锅盖，煮开后转中火煮30分钟。

3　掀开锅盖，倒入备好的榛子仁粉。

4　持续搅拌片刻，使其混合均匀，关火，将粥盛出装入碗中，浇上蜂蜜即可。

开心果

开心果富含维生素 E，这是一种极佳的补脑的营养成分。由于开心果是一种高脂坚果，其油脂质地非常好，主要由单不饱和脂肪酸构成，所以不像其他坚果那样容易腐坏，常吃可保护孩子心脏，降低心脏疾病的危害。

开心果鸡肉沙拉

 2人份

烹饪时间　3分钟

[原料]

鸡肉....................300 克
开心果仁.............25 克
苦菊....................300 克
圣女果.................20 克
柠檬....................50 克
酸奶.................20 毫升

[调料]

胡椒粉 ....1 克
料酒....................5 毫升
芥末.....................少许
橄榄油.................5 毫升

[做法]

1. 圣女果对半切；苦菊切段；鸡肉切大块。

2. 锅中注清水烧开，倒入鸡肉，拌匀，加料酒，拌匀，煮约 4 分钟，捞出。

3. 将柠檬汁挤在酸奶中，加胡椒粉、芥末、橄榄油，拌匀，制成沙拉酱。

4. 取一碗，放入苦菊、开心果仁、鸡肉、圣女果，加沙拉酱即可。

开心果西红柿炒黄瓜

烹饪时间　1 分 30 秒

[🔖 原料]

开心果仁..............55 克
黄瓜....................90 克
西红柿.................70 克

[🍶 调料]

盐.......................2 克
橄榄油.................适量

[🥄 做法]

1 将黄瓜洗净并切段；西红柿洗净并切小瓣。

2 煎锅置火上，淋橄榄油，大火烧热，倒入黄瓜段，炒匀炒透，再放入西红柿。

3 翻炒一会，加盐，炒匀调味，撒开心果仁，用中火翻炒一会。

4 关火后将炒好的菜品盛出，装在盘中即可。

玉米

学龄孩子用脑很多，所以要常吃玉米，其含有的谷氨酸较高，可以促进脑细胞新陈代谢。常吃些鲜玉米具有健脑作用。此外，玉米还含有亚油酸等多种不饱和脂肪酸，有保护脑血管的作用，可以使孩子远离脑疾病。

松子玉米炒饭

2人份

烹饪时间　2分30秒

[原料]

米饭	300 克
玉米粒	45 克
青豆	35 克
腊肉	55 克
鸡蛋	1 个
水发香菇	40 克
熟松子仁	25 克
葱花	少许

[做法]

1. 香菇切丁；腊肉切丁。锅中注清水烧开，倒入青豆、玉米粒，拌匀，煮1分30秒，捞出。

2. 用油起锅，倒腊肉丁，炒匀，倒入香菇丁，炒匀，打鸡蛋，炒散，倒入米饭。

3. 用中小火炒匀，倒入食材，翻炒匀，撒葱花，大火炒出香味，倒入熟松子仁，炒匀。

4. 关火后盛出，装盘中，撒上余下的熟松子仁即成。

QRcode

扫一扫，看视频

鸡肉玉米汤

烹饪时间 45 分钟

[🍳 原料]

鸡块.....................200 克
玉米粒.................50 克
葱花.......................3 克

[🧂 调料]

盐...........................3 克
食用油....................适量

[🥄做法]

1　锅中注清水烧开，放鸡块，氽煮约3分钟，盛出，装碗中。

2　取电饭锅，倒入玉米粒、鸡块、食用油，注清水。

3　盖上盖，按"功能"键，选择"靓汤"功能，时间为45分钟，开始蒸煮。

4　按"取消"键断电，开盖，加盐、葱花，稍稍搅拌至入味。

5　盛出煮好的鸡肉玉米汤，装入碗中即可。

黄豆

黄豆含有胆碱，它是脑信息传递的关键性物质，使孩子思维更为活跃。黄豆中含有的 B 族维生素，可以帮助葡萄糖转换成营养物质，从而为孩子进行大量脑活动之后提供营养。

 芥菜黄豆粥

烹饪时间　40 分钟

[原料]

水发黄豆............ 100 克
芥菜.................... 50 克
水发大米............ 80 克

[调料]

盐 .... 2 克
鸡粉、芝麻油...... 各少许

[做法]

1　将芥菜洗净后，切成碎末，置于一旁备用。

2　砂锅中注清水烧开，倒黄豆、大米，搅拌均匀。

3　盖上盖，用小火煲煮约 40 分钟，揭盖，用勺搅匀。

4　倒入芥菜，拌煮至软，加盐、鸡粉、芝麻油，拌匀，煮入味，盛出即可。

香菜拌黄豆

烹饪时间　1 分钟

[🍯 **原料**]

水发黄豆.............200 克
香菜......................20 克
姜片、花椒.........各少许

[🍶 **调料**]

盐.........................2 克
芝麻油.................5 毫升

[🥄 **做法**]

1. 锅中注清水，大火烧开，倒入黄豆、姜片、花椒，加盐。

2. 盖上盖，煮开后转小火煮 20 分钟至食材入味。

3. 掀开盖，将食材捞出装碗中，拣去姜片、花椒。

4. 将香菜加入黄豆中，加盐、芝麻油，持续搅拌片刻，使入味，装盘中即可。

桂圆

桂圆含有丰富的蛋白质、葡萄糖、蔗糖，含铁量也比较高，对促进脑细胞生长很有效果，能加强记忆、减缓疲劳。同时，它还可以在补充营养的同时促进血红蛋白的再生，继而达到补血的目的。

桂圆山药羹

烹饪时间　24 分钟

[原料]

山药.....................200 克
桂圆肉..................20 克

[调料]

白糖.....................25 克

[做法]

1　山药切丁，放入烧开的蒸锅，盖上盖，用中火煮约 10 分钟，揭盖，取出。

2　山药剁泥状，砂锅中注清水，倒桂圆肉，盖上盖，小火煮约 10 分钟。

3　揭开盖，倒山药泥，拌匀，盖上盖，小火再煮 3 分钟。

4　揭盖，加白糖，拌匀，煮至溶化，盛出装碗即可。

桂圆红枣银耳羹

烹饪时间　32 分钟

[🍶 原料]

水发银耳............. 150 克
红枣..................... 30 克
桂圆肉 .... 25 克

[🧂 调料]

食粉..................... 3 克
白糖..................... 20 克
水淀粉 .... 10 毫升

[🥄 做法]

1　银耳切去黄色根部，切碎。

2　锅中注清水烧开，放银耳，加食粉，
　　拌煮均匀，煮约 1 分 30 秒，捞出。

3　砂锅中注清水烧开，放桂圆、红枣、
　　银耳，盖上盖，用小火煮 30 分钟。

4　揭盖，加水淀粉，搅拌匀，加白糖，
　　拌匀调味，煮至汤汁浓稠。

5　盛出装碗即可。

菠萝

菠萝富含维生素 C 和微量元素锰，对于加强儿童的记忆力很有帮助。而且，菠萝还含有"菠萝朊酶"，能帮助儿童分解蛋白质，帮助消化，改善局部血液循环，尤其是在吃过油腻食物之后，可以吃菠萝来缓解。

 ## 菠萝蜜鲫鱼汤 （2人份）

烹饪时间　13 分 30 秒

QRcode 扫一扫，看视频

[🫕 原料]

净鲫鱼	400 克
菠萝蜜果肉	100 克
菠萝蜜果核	90 克
瘦肉	85 克
姜片、葱花	各少许

[🧂 调料]

盐	3 克
鸡粉	2 克
料酒	6 毫升
食用油	适量

[🥄 做法]

1 将猪瘦肉洗净并切丁；菠萝蜜果肉切小块。

2 用油起锅，放姜片爆香，倒入鲫鱼，用小火煎一会。

3 翻转鱼身，煎约 1 分钟，淋料酒，注开水，倒瘦肉丁，放菠萝蜜果核。

4 倒菠萝蜜果肉，加盐、鸡粉调味，盖上盖，转小火煮约 10 分钟。

5 关火盛出，装入汤碗中，撒上葱花即成。

2人份 ## 菠萝蒸饭

烹饪时间　46 分钟

[原料]

菠萝肉 .... 70 克
水发大米 .... 75 克
牛奶 .... 50 毫升

QRcode
扫一扫，看视频

[做法]

1　将大米装碗中，倒入清水；菠萝肉切粒。

2　烧开蒸锅，放大米，盖上盖，用中火蒸 30 分钟。

3　揭开锅盖，将菠萝放在米饭上，加牛奶。

4　盖上盖子，用中火蒸 15 分钟，揭盖，把菠萝米饭取出。

5　用筷子翻动米饭，把菠萝肉与米饭混合均匀，待稍冷却后即可食用。

鸡蛋

鸡蛋含有卵磷脂、甘油三脂、胆固醇、卵黄素等，能帮助孩子身体发育、修复神经系统，对于修复记忆力减退有一定作用。鸡蛋富含钙元素，是人体骨骼生长必需的物质，可以帮助孩子快快长高。

鸡蛋羹

 2人份

烹饪时间 11分30秒

[原料]

鸡蛋......................3个

[调料]

盐.........................2克
鸡粉......................少许

[做法]

1 取一蒸碗，打入鸡蛋，搅散，注清水，边倒边搅拌。

2 将盐、鸡粉加入蛋中，拌匀，调成蛋液。

3 蒸锅上火烧开，放蒸碗，盖上锅盖，用中火蒸约10分钟。

4 揭盖，待热气散开，取鸡蛋羹，稍冷却后即可食用。

2人份

彩椒圈太阳花煎蛋

烹饪时间　3 分钟

[🍳 原料]

彩椒................... 150 克
鸡蛋....................... 2 个

[🧂 调料]

盐、胡椒粉 .... 各少许
食用油 ....适量

QRcode
扫一扫，看视频

[🥄 做法]

1 彩椒切圈，去籽；鸡蛋分别打入两个碗中。

2 煎锅置于旺火上烧热，倒油，放彩椒圈，分别倒鸡蛋。

3 用中火煎至鸡蛋呈乳白色，撒盐、胡椒粉，转小火煎至八成热。

4 关火后利用余温再煎片刻，直至食材熟透。

5 盛出煎好的彩椒圈太阳花煎蛋，装盘即可。

鲈鱼

鲈鱼含有目前世界上公认的"脑黄金"——DHA，这种物质只存在于鱼类和少数水产动物之中，可以帮助孩子增进智力、加强记忆力，是补脑中的"战斗机"。此外，鲈鱼还富含蛋白质、维生素 A、维生素 B 族、钙、镁、锌等营养物质，可以补脾胃、化痰止咳，保护孩子肝肾健康。

糖醋鲈鱼

2人份

烹饪时间　3 分钟

[原料]

鲈鱼....................350 克
黄瓜.....................30 克
番茄酱..................10 克
胡萝卜..................20 克
生粉.....................50 克
大葱丝...................适量

[调料]

盐........................4 克
料酒....................5 毫升
白醋、白糖、水淀粉、食用油...................各适量

[做法]

1　黄瓜、胡萝卜切丁；鲈鱼打上蝴蝶花刀，装盘中，撒盐，淋料酒，抹匀，腌渍 10 分钟。

2　生粉倒碗中，加清水拌匀，制成糊状，将鲈鱼裹上生粉糊。

3　热锅注油，烧至七成热，放鲈鱼，搅拌片刻，炸至金黄色。

4　另起锅注油烧热，倒番茄酱，加清水，倒胡萝卜、黄瓜，淋白醋，加白糖、盐，翻炒调味。

5　加水淀粉，炒匀勾芡，将酱汁浇在鱼身上，摆放上葱丝即可。

浇汁鲈鱼

2人份

烹饪时间 17 分钟

[原料]

鲈鱼......................270 克
豌豆......................90 克
胡萝卜...................60 克
玉米粒..................45 克
姜丝、葱段、
蒜末..................各少许

[调料]

盐..........................2 克
食用油..................少许
番茄酱、水淀粉..各适量

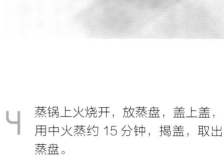

QRcode
扫一扫，看视频

[做法]

1 鲈鱼放碗中，加盐，拌匀，放姜丝、葱段，拌匀，腌渍约 15 分钟。

2 胡萝卜切丁；鲈鱼切开，去除鱼骨，把鱼肉两侧切条，放蒸盘中。

3 锅中注清水烧开，倒胡萝卜、豌豆、玉米粒，煮约 2 分钟，捞出。

4 蒸锅上火烧开，放蒸盘，盖上盖，用中火蒸约 15 分钟，揭盖，取出蒸盘。

5 用油起锅，倒入蒜末、食材，放番茄酱，注清水，拌匀，用大火煮沸。

6 倒水淀粉，拌匀，调成菜汁，关火后盛出菜汁，浇在鱼身上即可。

三文鱼

三文鱼含有一种叫做 Ω-3 脂肪酸的物质，是脑部、视网膜和神经系统不可或缺的组成部分，所以它具有健脑益智、提高记忆力的功效。三文鱼中还含有不饱和脂肪酸，可以保护小孩的心血管，提高对疾病的抵抗力。

 三文鱼炒饭

烹饪时间　5 分钟

[原料]

冷米饭	140 克
鸡蛋	2 个
三文鱼	80 克
胡萝卜	50 克
豌豆	30 克
葱花	少许

[调料]

盐	2 克
鸡粉	2 克
橄榄油	适量

[做法]

1. 胡萝卜切丁；三文鱼切丁。锅中注清水烧开，倒入胡萝卜、豌豆，煮至断生，捞出。

2. 鸡蛋打碗中，制成蛋液，锅置火上，加橄榄油烧热，倒蛋液。

3. 翻炒成蛋花，倒三文鱼，翻炒片刻，倒米饭，快速翻炒，放食材，翻炒均匀。

4. 加盐、鸡粉，炒匀调味，撒葱花，翻炒出葱香味，盛出装盘。

茄汁香煎三文鱼

2人份

烹饪时间 3分30秒

[原料]

三文鱼 .... 160 克
洋葱 .... 45 克
彩椒 .... 15 克
芦笋 .... 20 克
鸡蛋清 .... 20 克

[调料]

番茄酱 .... 15 克
盐 .... 2 克
黑胡椒粉 .... 2 克
生粉 .... 适量

[做法]

1 彩椒、洋葱切粒；芦笋切丁。

2 三文鱼装碗中，加盐、黑胡椒粉，倒蛋清，搅拌片刻，加生粉，搅拌均匀，腌渍约15分钟。

3 倒油烧热煎锅，放入三文鱼，小火煎熟后翻转，盛出；再倒入洋葱、芦笋、彩椒，翻炒片刻。

4 加番茄酱，翻炒均匀，注清水，煮至沸，加盐，搅拌均匀，调成味汁，均匀地浇在鱼块上即可。

黄花菜

黄花菜含丰富的卵磷脂，它是大脑细胞的构成成分之一，有利于增强及改善大脑功能，而且还能清除动脉内的沉积物，帮助宝宝集中注意力、增强记忆力。黄花菜中所含的冬碱有止血、安神的效果。

炒黄花菜

 2人份

烹饪时间　1分30秒

[原料]

水发黄花菜 .... 200 克
彩椒 .... 70 克
蒜末、葱段 .... 各适量

[调料]

盐 .... 3 克
鸡粉 .... 2 克
料酒 .... 8 毫升
水淀粉 .... 4 毫升
食用油 .... 适量

[做法]

1. 将彩椒洗净并切条；黄花菜摘去花蒂，沥干水分。

2. 锅中注清水烧开，放黄花菜，加盐，拌匀，煮至沸，捞出。

3. 用油起锅，放蒜末，加彩椒，倒黄花菜，淋料酒，放盐、鸡粉，炒匀调味。

4. 倒葱段，翻炒均匀，淋水淀粉，快速翻炒均匀，盛出装盘。

黄花菜鸡蛋汤

烹饪时间　3分钟

[🝕 原料]

水发黄花菜 .... 100 克
鸡蛋 .... 50 克
葱花 .... 少许

[🗋 调料]

盐 .... 3 克
鸡粉 .... 2 克
食用油 .... 适量

QRcode
扫一扫，看视频

[🥄 做法]

1 将黄花菜摘去根部；鸡蛋打散、调匀，备用。

2 锅中注清水烧开，加盐、鸡粉，放黄花菜，淋油，搅拌匀。

3 盖上锅盖，用中火煮约2分钟，至其熟软。

4 揭开锅盖，将蛋液倒入汤中，边煮边搅拌。

5 略煮一会，直至液面浮出蛋花，即可关火。

6 盛出煮好的鸡蛋汤，装入碗中，撒上葱花即成。

西蓝花

西蓝花的营养成分很高，而且还很全面，主要有蛋白质、碳水化合物、矿物质、维生素和胡萝卜素，其中的维生素 K 可以增强大脑活力、改善大脑机能。除此之外，西蓝花还有利尿减肥的功效，能帮助孩子形成良好的体形。

虾仁西蓝花

2 人份

烹饪时间　2 分钟

[🥛 原料]

西蓝花 .... 230 克
虾仁 .... 60 克

[🧂 调料]

盐、鸡粉、
水淀粉 .... 各少许
食用油 .... 适量

[🥄 做法]

1　锅中注清水烧开，加油、盐，倒西蓝花，拌匀，煮 1 分钟，捞出。

2　西蓝花切掉根部；虾仁切小段，装碗中，加盐、鸡粉、水淀粉、拌匀，腌渍 10 分钟。

3　炒锅注油烧热，注清水，加盐、鸡粉，倒入虾仁，拌匀，煮至虾身卷起并呈现淡红色。

4　关火，取一盘，摆上西蓝花，盛入锅中的虾仁即可。

2人份 **西蓝花炒牛肉**

烹饪时间　2 分钟

[🍲 原料]

西蓝花 .... 300 克
牛肉.................... 200 克
彩椒...................... 40 克
姜片、蒜末、
葱段.................... 各少许

[🧂 调料]

盐 .... 4 克
鸡粉...................... 4 克
生抽.................... 10 毫升
蚝油...................... 10 克
水淀粉 .... 9 克
料酒.................... 10 毫升
食粉、食用油...... 各适量

QRcode
扫一扫，看视频

[🥄 做法]

1　西蓝花切小块；彩椒切小块。牛肉切片，装碗中，放生抽、盐、鸡粉、食粉，搅拌均匀。

2　倒水淀粉，搅拌均匀，加油，腌渍 10 分钟。

3　锅中注清水烧开，放盐、食用油，倒西蓝花，搅匀，煮 1 分钟，捞出。

4　用油起锅，放姜片、蒜末、葱段、彩椒，翻炒均匀，倒牛肉，快速翻炒一会。

5　淋料酒，炒匀提鲜，加生抽、蚝油、鸡粉、盐，炒匀调味。

6　倒水淀粉，快速翻炒均匀，盛出，放在西蓝花上即可。

西红柿

西红柿含有丰富的茄红素，能修复因睡眠不足而损伤的脑细胞，让孩子昏沉的脑袋立刻恢复清醒，煮熟的效果更好。西红柿中的苹果酸和柠檬酸等有机酸可以帮助孩子清理肠道，促进消化吸收。

西红柿豆腐干

2人份

烹饪时间　8分钟

[原料]

西红柿 .... 100 克
豆腐干 .... 200 克
彩椒 .... 70 克
姜片、蒜末、
葱段 .... 各少许

[调料]

盐、鸡粉 .... 各 2 克
蚝油 .... 5 克
水淀粉 .... 10 毫升
料酒 .... 少许
食用油 .... 适量

[做法]

1. 豆腐干切厚片；彩椒切小块；西红柿切小块。

2. 用油起锅，放豆腐干，煎出焦香味，翻面，煎至两面呈微黄色，盛出。

3. 用油起锅，放姜片、蒜末、葱段，爆香。

4. 倒入西红柿、彩椒，炒匀，放豆腐干，炒匀，加盐、鸡粉、料酒、蚝油，炒匀。

5. 淋入少许清水，倒水淀粉勾芡，盛出装盘。

PART 3

日常食补

强筋壮骨餐——把握孩子发育好时机

身高关乎孩子的自信和未来的发展。
身高有很大一部分由遗传决定，
但是通过后天的膳食调理，
掌握补充长高需要的元素，
可以帮助孩子在定型之前再蹿一大截！

牛肉

牛肉富含优质蛋白质，能提高运动对骨骼增长的促进效果，其中的维生素 B_6 能促进新陈代谢、提高人体免疫力。对于生长处于快速发育期的 6~12 岁儿童来说，应多食牛肉。

萝卜炖牛肉

2 人份

烹饪时间　47 分钟

QRcode
扫一扫，看视频

[原料]

胡萝卜 .... 120 克
白萝卜 .... 230 克
牛肉 .... 270 克
姜片 .... 少许

[调料]

盐 .... 2 克
老抽 .... 2 毫升
生抽 .... 6 毫升
水淀粉 .... 6 毫升

[做法]

1 白萝卜切大块；胡萝卜切块；牛肉切块。

2 锅中注清水烧热，放牛肉、姜片，拌匀，加老抽、生抽、盐。

3 盖上盖，煮开后用中小火煮 30 分钟，揭盖，倒入白萝卜、胡萝卜。

4 盖上盖，用中小火煮 15 分钟，揭盖，倒水淀粉，炒至食材熟软入味，盛出即可。

牛肉南瓜汤

（2 人份）

烹饪时间　13 分钟

[原料]

牛肉..................... 120 克
南瓜..................... 95 克
胡萝卜.................. 70 克
洋葱..................... 50 克
牛奶.................. 100 毫升
高汤.................. 800 毫升

[调料]

黄油..................... 少许

[做法]

1　洋葱、胡萝卜切粒；南瓜切小丁块；牛肉切粒。

2　煎锅置于火上，倒黄油，拌匀，至其溶化，倒牛肉，炒匀至其变色。

3　放洋葱、南瓜、胡萝卜，炒至变软，加牛奶，倒入高汤。

4　搅拌均匀，用中火煮约 10 分钟至食材入味，盛出即可。

排骨

排骨含有大量的钙，是人体骨骼生长必不可少的物质。另外，排骨中含有血红素（有机铁）和促进铁吸收的半胱氨酸，能有效预防缺铁性贫血。

2人份 海带排骨汤

烹饪时间　92分钟

扫一扫，看视频

[原料]

排骨.....................260克
水发海带............100克
姜片.....................4克

[调料]

盐..........................3克
鸡粉......................2克
料酒.....................5毫升

[做法]

1. 海带切小块。沸水锅中倒入排骨，氽煮一会，捞出。

2. 取电饭锅，通电后倒入排骨、海带，加料酒、姜片。

3. 将清水注入锅内直至没过食材，搅拌均匀。

4. 盖上盖子，按下"功能"键，调至"蒸煮"状态，煮90分钟。

5. 按下"取消"键，打开盖子，加盐、鸡粉，搅匀调味，断电后装盘即可。

糖醋排骨

烹饪时间　5 分钟

[🍶 原料]

排骨.....................350 克
鸡蛋.......................2 个
面粉.......................50 克

[🍶 调料]

盐 ....3 克
白醋....................10 毫升
白糖.......................25 克
生抽....................10 毫升
老抽......................5 毫升
水淀粉 ....10 毫升
食用油....................适量

[🥄 做法]

1　排骨斩段，放碗中，加盐、生抽、老抽充分拌匀，封上保鲜膜，腌渍 10 分钟。

2　鸡蛋打碗中，搅散，面粉倒碗中，加蛋液，搅拌均匀，加温开水，搅拌成面糊，将排骨放面糊中，裹匀。

3　热锅注油烧至五六成热，放排骨，转小火炸约 2 分钟后捞出，稍微冷

却后回锅炸 1 分钟，捞出。

4　锅底留油，加温开水、白糖、白醋，不停搅拌至白糖溶化，加水淀粉勾芡，成糖醋汁。

5　倒入排骨，快炒让排骨均匀沾上糖醋汁即成，盛盘。

菠菜

菠菜含有丰富的胡萝卜素、维生素C、维生素E和一定量的钙、铁、磷，能给人体提供多种所需的元素，营养比较全面，其中的胡萝卜素在人体内可以转换成维生素A，能增强孩子抵抗传染病的能力。

 (2 人份) ## 蒜蓉菠菜

烹饪时间　1分30秒

[原料]

菠菜	200 克
彩椒	70 克
蒜末	少许

[调料]

盐、鸡粉	各2克
食用油	适量

[做法]

1　将彩椒洗净，切成粗丝；菠菜洗净，切去根部。

2　用油起锅，放蒜末，爆香，倒彩椒丝，翻炒一会。

3　再放入切好的菠菜，快速炒匀，至食材断生，加入少许盐、鸡粉。

4　用大火翻炒至入味，关火后盛出炒好的食材，装盘即成。

菠菜豆腐汤

烹饪时间 2 分 30 秒

[🥄 原料]

菠菜.................... 120 克
豆腐.................... 200 克
水发海带............ 150 克

[🧂 调料]

盐 .... 2 克

[🥄 做法]

1 海带切小块；菠菜切段；豆腐切小方块。

2 锅中注清水烧开，倒入海带、豆腐，拌匀，用大火煮2分钟。

3 倒入菠菜，拌匀，略煮片刻，至其断生。

4 加盐，拌匀，煮至入味，盛出。

胡萝卜

胡萝卜富含胡萝卜素，还含有丰富的维生素 B_1、维生素 B_2、钙、铁、磷等营养物质。胡萝卜素在人体内可转变为维生素 A，它有保护眼睛、促进生长发育、抵抗传染病的功能，是小儿不可缺少的维生素。

胡萝卜炒菠菜

2 人份

烹饪时间　1 分 30 秒

[**原料**]

菠菜	180 克
胡萝卜	90 克
蒜末	少许

[**调料**]

盐	3 克
鸡粉	2 克
食用油	适量

[**做法**]

1. 将胡萝卜洗净、去皮，并切成细丝；菠菜洗净并切段。

2. 锅中注清水烧开，放胡萝卜丝，撒盐，搅匀，煮约半分钟，捞出。

3. 用油起锅，放蒜末，爆香，倒入菠菜，快速炒匀。

4. 放胡萝卜丝，翻炒匀，加盐、鸡粉，炒匀调味，盛出装盘。

玉米胡萝卜鸡肉汤

烹饪时间　62 分钟

[🍯 原料]

鸡肉块 .... 350 克
玉米块 .... 170 克
胡萝卜 .... 120 克
姜片 .... 少许

[🗄 调料]

盐、鸡粉 .... 各 3 克
料酒 .... 适量

[🥄 做法]

1 将胡萝卜洗净、去皮并切小块，放在一旁备用。

2 锅中注清水烧开，倒鸡肉块，加料酒，拌匀，大火煮沸，撇去浮沫，捞出。

3 砂锅中注清水烧开，倒鸡肉，放胡萝卜、玉米块，撒姜片，淋料酒，拌匀。

4 盖上锅盖，待汤烧开后用小火煮约1 小时。

5 揭盖，放盐、鸡粉，拌匀调味，盛出即可。

小白菜

小白菜的含钙量差不多是白菜的2~3倍，钙是孩子生长发育过程中必不可少的原料。小白菜还是维生素和矿物质含量最丰富的蔬菜之一，可以增强人体免疫力。同时，其所含的膳食纤维还能润滑肠道，是肥胖儿童营养餐的首选。

芝麻酱拌小白菜

2人份

烹饪时间　2分钟

扫一扫，看视频

[原料]

小白菜 .... 160 克
熟白芝麻 .... 10 克
红椒 .... 少许

[调料]

芝麻酱 .... 12 克
盐、鸡粉 .... 各 2 克
生抽 .... 6 毫升
芝麻油 .... 适量

[做法]

1. 洗净的小白菜切成长段；洗好的红椒切粒。

2. 取一小碗，倒生抽，加鸡粉、芝麻酱，淋芝麻油，撒盐，倒凉开水。

3. 搅拌匀，至调味料完全溶于水中，再撒熟白芝麻，制成味汁，待用。

4. 锅中注清水烧开，放小白菜，拌匀，煮约1分钟，捞出。

5. 取一大碗，放小白菜，倒味汁，拌约1分钟，撒红椒粒，拌匀，另取一盘子，盛出。

小白菜香菇肉片

2人份

烹饪时间　4 分钟

[原料]

小白菜 .... 150 克
鲜香菇 .... 60 克
瘦肉 .... 100 克
竹笋 .... 80 克
银杏 .... 20 克
姜片、葱段 .... 各少许

[调料]

鸡粉 .... 4 克
盐 .... 4 克
料酒 .... 8 毫升
生抽 .... 4 毫升
水淀粉 .... 4 毫升
生粉 .... 5 克
食用油 .... 适量

QRcode
扫一扫，看视频

[做法]

1　小白菜去根部；香菇、竹笋、瘦肉均切片，装入碗中，放适量盐、鸡粉、生粉、油，拌匀，腌10分钟。

2　锅中注清水大火烧开，放盐，倒入银杏、香菇、竹笋，搅匀，煮约1分钟，捞出。

3　热锅注油烧热，倒小白菜，炒软，放盐、鸡粉，翻炒片刻，盛出装盘。

4　油起锅，放姜片、葱段，倒入肉片与其他食材，放鸡粉、盐、料酒、生抽、水淀粉，收汁后盛盘。

娃娃菜

娃娃菜富含磷和钙，是孩子生长发育过程中必需的基础物质。其含有的微量元素锌，对增加孩子食欲、促进消化吸收、预防小孩发育迟缓有很大的帮助。

奶油娃娃菜

2人份

烹饪时间　20分钟

[原料]

娃娃菜 ....300 克
奶油........................8 克
枸杞........................5 克
清鸡汤 ....150 毫升

[调料]

水淀粉 ....适量

[做法]

1. 娃娃菜切瓣。蒸锅中注清水烧开，放入娃娃菜。

2. 盖上盖，用大火蒸10分钟。揭盖，取出备用。

3. 锅置火上，倒入鸡汤，放枸杞，加奶油，拌匀。

4. 水淀粉勾芡，关火后盛出，浇在娃娃菜上即可。

娃娃菜鲜虾粉丝汤

烹饪时间　10 分钟

[🥄 原料]

娃娃菜 ....270 克
水发粉丝............200 克
虾仁.....................45 克
姜片、葱花 .... 各少许

[🧂 调料]

盐 ....2 克
鸡粉 ....1 克
胡椒粉 ....适量

[🥄 做法]

1. 将泡发好的粉丝切段；娃娃菜切小段；虾仁切小块。

2. 砂锅中注清水烧开，撒姜片，放虾仁、娃娃菜。

3. 盖上锅盖，待煮开后改小火续煮 5 分钟。

4. 揭盖，加盐、鸡粉、胡椒粉，拌匀，放粉丝，拌匀，煮至熟软。

5. 关火后盛出煮好的汤料，撒上葱花即可。

紫菜

紫菜异常丰富的含钙量能增加成骨细胞，帮助骨骼发育，在青少年时期食用紫菜对牙齿骨骼的生长发育作用尤为明显。紫菜中的碘能帮助孩子提高自身免疫力，预防甲状腺肿的疾病。

 紫菜豆腐羹

2 人份

烹饪时间　2 分 30 秒

[原料]

豆腐	260 克
西红柿	65 克
鸡蛋	1 个
水发紫菜	200 克
葱花	少许

[调料]

盐	2 克
鸡粉	2 克
芝麻油、水淀粉、食用油	各适量

[做法]

1　西红柿切小丁块；豆腐切小方块；鸡蛋打散，调匀成蛋液。

2　锅中注清水烧开，倒油，放西红柿，略煮片刻，倒豆腐块，拌匀。

3　加鸡粉、盐，放紫菜，拌匀，大火煮约 1 分 30 秒，水淀粉勾芡。

4　倒蛋液，边倒边搅拌，至蛋花成形，淋芝麻油，搅拌匀，盛出装碗，撒上葱花即可。

紫菜鱼片粥

烹饪时间　32 分钟

[原料]

水发大米............180 克
草鱼片..................80 克
水发紫菜..............60 克
姜丝、葱花.........各少许

[调料]

盐、鸡粉............各 3 克
胡椒粉...................少许
料酒....................3 毫升
水淀粉、食用油 ..各适量

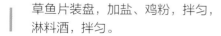
扫一扫，看视频

[做法]

1　草鱼片装盘，加盐、鸡粉，拌匀，淋料酒，拌匀。

2　倒水淀粉，拌匀上浆，淋食用油，腌渍约 10 分钟。

3　砂锅中注清水烧开，倒大米，搅拌匀，盖上盖，煮沸后用小火煮约 30 分钟。

4　揭盖，倒紫菜，撒姜丝，搅拌匀，放盐、鸡粉、胡椒粉，拌匀调味。

5　倒入腌渍好的鱼肉片，搅拌匀，用大火续煮一会。

6　关火后盛出煮好的鱼片粥，装入汤碗中，撒上葱花即成。

海带

海带中的钙能帮助骨质钙化，含有的烟酸有促进人体新陈代谢的作用，可促进孩子生长发育。儿童常吃海带可益智、帮助消化吸收、增强机体免疫力。

海带薏米粥

2人份

烹饪时间　47分钟

[原料]

水发大米............120克
水发薏米............100克
海带丝................65克

[做法]

1　砂锅中注入清水烧热，倒入薏米、大米。

2　盖上盖，烧开后用小火煮约30分钟，揭盖，倒入海带丝，搅匀。

3　再盖上盖，用中小火煮约15分钟，至食材熟透。

4　揭盖，搅拌几下，关火后盛出煮好的薏米粥，装入小碗中即成。

蛤蜊豆腐炖海带

2人份

烹饪时间 5分钟

[原料]

蛤蜊.....................300 克
豆腐.....................200 克
水发海带.............100 克
姜片、蒜末、
葱花...................各少许

[调料]

盐 ....3 克
鸡粉 ....2 克
料酒、生抽 .....各 4 毫升
水淀粉、芝麻油、
食用油...............各适量

[做法]

1 豆腐切小方块；海带切小块。

2 锅中注清水烧开，加盐，放海带，煮约半分钟，倒豆腐块，拌匀，煮约半分钟，捞出。

3 用油起锅，放蒜末、姜片、爆香，倒入食材，翻炒均匀，放料酒、生抽，炒匀提味。

4 注清水，大火煮至沸腾，倒蛤蜊，煮 3 分钟，加盐、鸡粉，倒水淀粉勾芡，淋芝麻油，撒葱花即成。

虾皮

虾皮中丰富的钙含量可帮助长骨中骺软骨不断生长，在快速生长发育期食用虾皮，长高效果非常明显。另外，虾皮中的镁能帮助血液循环，调节心脏活动，保护孩子的心血管健康。

虾皮蚝油焖冬瓜

(2人份)

烹饪时间　6分钟

扫一扫，看视频

[🍶 **原料**]

冬瓜	250 克
虾皮	60 克
姜片、蒜末、	
葱段	各少许

[🍱 **调料**]

盐	2 克
鸡粉	2 克
蚝油	8 克
料酒、水淀粉、	
食用油	各适量

[🥄 **做法**]

1 将洗净去皮的冬瓜切小块，装入盘中，待用。

2 用油起锅，放姜片、蒜末、葱段，爆香，倒虾皮，炒匀，淋料酒，炒香。

3 倒冬瓜，翻炒匀，加蚝油，炒匀，注清水，拌匀，盖上盖，用小火焖煮 3 分钟。

4 揭盖，放盐、鸡粉，炒匀调味，大火收汁，用水淀粉勾芡，盛出装盘。

虾皮肉末青菜粥

（2人份）

烹饪时间　32分钟

[🫕 原料]

虾皮..................... 15 克
肉末..................... 50 克
生菜..................... 80 克
水发大米.............. 90 克

[🍶 调料]

盐、生抽............. 各少许

[🥄 做法]

1　把洗净的生菜切成粒；洗净的虾皮
　　剁成末。

2　锅中注清水，用大火烧开，倒大米，
　　拌匀，下虾皮，搅匀，烧开。

3　盖上盖子，用小火煮 30 分钟，放
　　肉末，搅拌匀。

4　揭盖，放盐、生抽，搅拌匀，放生
　　菜，拌匀煮沸。

5　关火后，把煮好的粥盛出，装入碗
　　中即成。

鳕鱼

鳕鱼富含钙和维生素 D，维生素 D 又能促进钙的吸收，防止因缺钙而引起的骨骼生长缓慢。而且，鳕鱼还含有锌，能增长孩子食欲，帮助孩子摄取充足的营养物质，从而保证长高所需的营养。

 ## 香煎银鳕鱼

烹饪时间　3 分钟

扫一扫，看视频

[🍶 **原料**]

鳕鱼.....................180 克
姜片.....................少许

[🧊 **调料**]

生抽.....................2 毫升
盐 ....1 克
料酒.....................3 毫升
食用油..................适量

[🥄 **做法**]

1. 取一碗，放鳕鱼，放姜片，加生抽、盐、料酒。

2. 用手将鳕鱼与调料混合、抓匀，将鳕鱼腌渍 10 分钟至入味。

3. 煎锅中注油，烧热，放鳕鱼，用小火煎约 1 分钟。

4. 将鳕鱼翻面，煎约 1 分钟，盛出装盘即可。

清蒸鳕鱼

【2 人份】

烹饪时间　10 分 30 秒

[🐾 原料]

鳕鱼块 .... 100 克

[🍱 调料]

盐 .... 2 克
料酒...................... 适量

QRcode

扫一扫，看视频

[🥄 做法]

1 将洗净的鳕鱼块装入碗中，加料酒，抓匀。

2 放入盐，抓匀，使鳕鱼腌渍 10 分钟至入味。

3 将腌渍好的鳕鱼块装入盘中，放入烧开的蒸锅中。

4 盖上盖，用大火蒸 10 分钟。揭盖，将蒸好的鳕鱼块取出。

5 待稍微冷却后，即可品尝鲜嫩的清蒸鳕鱼。

黑豆

黑豆中丰富的蛋白质和钙，不仅能为孩子提供成长所需的蛋白质，还能促进骨骼的生长发育。黑豆中的维生素 E 具有抗氧化的作用，能保护机体细胞免受自由基的损害，使孩子健康成长。

黑豆烧排骨

2 人份

烹饪时间　32 分钟

[原料]

猪排骨	400 克
海带结	100 克
水发黑豆	150 克
葱段、姜片	各少许

[调料]

盐	2 克
鸡粉	3 克
料酒	5 毫升
水淀粉、食用油	各适量

[做法]

1　锅中注清水烧开，倒入猪排骨，淋料酒，略煮一会，捞出。

2　用油起锅，放葱段、姜片，倒猪排骨，炒匀，注沸水，倒黑豆，放盐、鸡粉，淋料酒。

3　盖上盖，大火焖 20 分钟。揭盖，倒海带结，炒匀。

4　盖上盖，焖 10 分钟。揭盖，倒水淀粉，翻炒匀，盛出装盘。

黑豆莲藕鸡汤

2人份

烹饪时间 42 分钟

[原料]

水发黑豆............ 100 克
鸡肉................. 300 克
莲藕................. 180 克
姜片..................少许

[调料]

盐、鸡粉............ 各少许
料酒.................5 毫升

扫一扫，看视频

[做法]

1 莲藕切丁；鸡肉斩小块。

2 锅中注清水烧开，倒入鸡块，搅动几下，再煮一会，捞出。

3 砂锅中注清水烧开，放姜片，倒鸡块，放黑豆，倒藕丁，淋料酒。

4 盖上盖，煮沸后用小火炖煮约40分钟，取下盖子，加盐、鸡粉，搅匀，续煮一会，盛出。

红枣

红枣含铁量比较丰富，用红枣搭配其他动物食材给孩子吃，有助于预防儿童缺铁性贫血。红枣中所含的钙和磷，能促进孩子对营养物质的消化吸收，是孩子长高、健康必不可少的元素。

2人份 红枣板栗烧黄鳝

烹饪时间　18分30秒

扫一扫，看视频

[🍶 原料]

鳝鱼...................80克
板栗肉.................30克
红枣...................10克
葱段、姜片.........各少许

[🍲 调料]

盐、鸡粉.............各1克
胡椒粉.................2克
料酒.................5毫升
水淀粉.................少许
食用油.................适量

[🥄 做法]

1　板栗肉对半切开。锅中注水烧开，倒鳝鱼，拌匀，略煮一会，汆去血水，捞出。

2　用油起锅，放葱段、姜片，爆香，倒鳝鱼，放板栗，炒匀。

3　加料酒，倒清水，放红枣，加盐，拌匀，煮约15分钟。

4　加鸡粉、胡椒粉，拌匀，水淀粉勾芡，盛出装盘。

枣泥小米粥

烹饪时间 22 分钟

[原料]

小米......................85 克
红枣......................20 克

QRcode

扫一扫，看视频

[做法]

1 蒸锅上火烧沸，放装有红枣的小盘子，盖上盖，用中火蒸 10 分钟。

2 揭盖，取出红枣，取出果核，剁成细末，倒入杵臼中，捣成红枣泥，盛出。

3 汤锅中注清水烧开，倒小米，搅拌几下，使米粒散开。

4 盖上盖子，用小火煮约 20 分钟，取下盖子，搅拌几下，加红枣泥。

5 搅拌匀，续煮片刻至沸腾，盛出，放在小碗中即成。

牛奶

牛奶中丰富的乳糖能加强人体对钙和铁的吸收，促进生长发育，促使肠胃蠕动，改善便秘。它是孩子钙元素和磷元素的重要来源，且比例适当，易于人体吸收。牛奶还可以帮助睡眠，让孩子精力充沛地面对每一天。

牛奶麦片粥

2人份

烹饪时间　5分钟

[原料]

燕麦片 .... 50 克
牛奶 ....150 毫升

[调料]

白砂糖 .... 10 克

[做法]

1 砂锅中注入少许清水烧热，倒入备好的牛奶。

2 用大火煮沸，放入备好的燕麦片，拌匀、搅散。

3 转中火，煮约 3 分钟，撒白糖，拌匀、煮沸，至糖分完全融化。

4 关火后盛出麦片粥，装入碗中即可食用。

牛奶炒三丁

（2人份）

烹饪时间　7 分钟

[原料]

猪里脊肉............. 170 克
豌豆..................... 70 克
红椒..................... 30 克
蛋清..................... 75 克
牛奶.................. 80 毫升

[调料]

盐 .... 2 克
生粉....................... 2 克
料酒.................... 2 毫升
食用油................... 适量

扫一扫，看视频

[做法]

1 红椒切小块；猪里脊肉剁碎，放碗中，加盐、料酒，拌匀，腌渍10分钟。

2 锅中注清水烧开，倒豌豆，加盐，拌匀，加油，煮3分钟，倒红椒，拌匀，煮至断生，捞出。

3 用油起锅，倒里脊肉，炒熟后盛出待用。牛奶倒碗中，加盐、生粉，拌匀，倒蛋清，制成蛋奶液。

4 用油起锅，倒入蛋奶液，炒散，放肉末、焯过水的食材，煮散，盛出。

雪梨

雪梨含有丰富的维生素 A、胡萝卜素、蛋白质、糖类、钙、磷，可以软化血管、保持骨骼细胞的健康，可以把钙等营养成分通过血液输送至骨骼，提高骨骼营养的吸收利用率，达到正常生长的骨骼要求，从而可让身体进一步长高。

雪梨炒鸡片

2人份

烹饪时间　1分30秒

[原料]

雪梨......................90克
胡萝卜..................20克
鸡胸肉..................85克
姜末、蒜末、
葱末..................各少许

[调料]

盐......................3克
鸡粉....................2克
料酒..................5毫升
水淀粉、食用油..各适量

[做法]

1. 洗净去皮的雪梨去核，切成小片；胡萝卜洗净去皮并切片。

2. 鸡胸肉切片放入碗中，放入盐、鸡粉、水淀粉、食用油，拌匀，腌渍约10分钟。

3. 锅中注水烧开，放胡萝卜片、雪梨片，搅拌匀，煮1分钟，捞出。

4. 用油起锅，倒鸡肉片，略微炒一下，淋料酒，快速翻炒匀。

5. 放姜末、蒜末、葱末，翻炒至鸡肉转色，倒焯煮过的食材，翻炒匀。

6. 加盐、鸡粉，炒匀调味，待锅中水分快干时注入水淀粉，翻炒片刻，盛出装盘。

日常食补

PART 4

增强免疫力餐——宝宝在美味中成长

免疫力的重要性不言而喻，这不仅仅关乎眼下，更是会影响到孩子一生的大事。但免疫力的增强并非一朝一夕，是在一汤一水中累积起来的。

芦笋

芦笋含有大量人体所需的矿物质和微量元素，如钙、磷、钾、铁、锌、铜、锰、硒、铬，这些元素在芦笋中的比例适当，能很好地为人体所吸收。芦笋中的天门冬酰胺酶能保护孩子的心血管，使宝宝健康成长。

芦笋炒鸡柳

 2人份

烹饪时间　2分30秒

  扫一扫，看视频

[🏷 原料]

鸡胸肉 .... 150 克
芦笋 .... 120 克
西红柿 .... 75 克

[🧂 调料]

盐 .... 3 克
鸡粉 .... 2 克
水淀粉、食用油 .. 各适量

[🥄 做法]

1　芦笋切粗条；鸡胸肉切成鸡柳；西红柿切小瓣，去除瓜瓤。

2　鸡柳装碗中，加盐、鸡粉、水淀粉，拌匀，腌渍约 10 分钟。

3　锅中注清水烧开，倒芦笋条，加油、盐，拌匀，煮约 1 分钟，捞出。

4　用油起锅，倒鸡柳，炒至变色，倒入芦笋条、西红柿，转小火，加盐、鸡粉，炒匀。

5　倒水淀粉，用中火翻炒一会，盛出装盘。

芦笋煨冬瓜

2人份

烹饪时间　3分钟

[🍶 原料]

冬瓜.....................230克
芦笋.....................130克
蒜末.....................少许

[🧂 调料]

盐.........................1克
鸡粉.....................1克
水淀粉、芝麻油、
食用油...............各适量

[🥄 做法]

| 芦笋切段；冬瓜切小块。锅中注清水烧开，倒冬瓜块，加油，拌匀，煮约半分钟。

2 倒入芦笋段，拌匀，煮约半分钟捞出。

3 用油起锅，放蒜末爆香，倒材料，炒匀，加盐、鸡粉，倒入少许清水，炒匀。

4 大火煨煮约半分钟，倒水淀粉勾芡，淋芝麻油，拌炒均匀，关火盛出即可。

茄子

茄子中的维生素 P 含量是其他各类蔬菜所望尘莫及的，维生素 P 能增加毛细血管的弹性，增强其韧性，防止心血管疾病的发生。茄子还能防止坏血病以及促进伤口愈合。

茄子稀饭

 2人份

烹饪时间　23 分钟

扫一扫，看视频

[🥄 原料]

茄子.....................60 克
牛肉.....................80 克
胡萝卜.................50 克
洋葱.....................30 克
软饭.....................150 克

[🧂 调料]

盐 ....少许
生抽.....................2 毫升
食用油.................适量

[🥄 做法]

1 胡萝卜、洋葱、茄子切粒；牛肉剁成肉末。

2 锅中注油烧热，倒牛肉末，加生抽，倒洋葱、胡萝卜、茄子，拌炒约 1 分钟，盛出。

3 汤锅中注清水烧开，倒软饭，拌匀，煮沸后盖上盖，转小火煮 20 分钟。

4 揭盖，稍加搅拌，倒食材，拌匀，煮沸，放盐，拌匀，调味，起锅，稀饭盛碗中。

【2人份】

肉末茄子

烹饪时间　4分钟

[原料]

茄子	150 克
肉末	100 克
葱	10 克
高汤	适量

[调料]

盐	3 克
鸡粉、白糖	各 1 克
蚝油、料酒、水淀粉、 芝麻油、食用油	各适量

[做法]

1. 茄子切条，放清水中浸泡片刻；葱切段。

2. 炒锅注油烧热，放入肉末炒至转色，倒入葱段、蒜末爆香。

3. 倒入茄子，炒匀。

4. 加入生抽，注入 50 毫升的清水，炒匀；加入盐，小火焖 5 分钟。

5. 加入鸡粉、水淀粉充分拌匀至收汁入味。

6. 关火后，将菜肴盛入盘中即可。

香菇

香菇中的多糖可以促进 T 淋巴细胞的产生，而且能提高 T 淋巴细胞的活性，从而提高人体免疫力。此外，香菇的高蛋白、低脂肪特点也使它成为肥胖儿童的首选。

香菇大米粥

2 人份

烹饪时间　32 分钟

[原料]

水发大米............. 120 克
鲜香菇.................. 30 克

[调料]

盐、食用油......... 各适量

[做法]

1　香菇切粒。砂锅中注清水烧开，倒入大米，搅拌均匀。

2　盖上锅盖，烧开后用小火煮约 30 分钟。

3　揭开锅盖，倒香菇粒，搅拌匀，煮至断生。

4　加盐、食用油，搅拌片刻，盛出装碗中。

2人份

香菇瘦肉片

烹饪时间　13 分钟

[🍶 原料]

鸡蛋........................ 1 个
香菇..................... 80 克
猪瘦肉 .... 100 克
牛奶................... 40 毫升

[🧂 调料]

盐........................... 2 克
料酒.................... 10 毫升
生抽.................... 8 毫升

扫一扫，看视频

[🥄 做法]

1 取一碗，打鸡蛋，搅散成蛋液，加 5 毫升料酒、2 毫升生抽、1 克盐，淋牛奶，拌匀待用。

2 瘦肉去筋膜，切片；香菇切片。取一碗，放瘦肉片，加盐、料酒、生抽，拌匀，腌渍 10 分钟待用。

3 取一盘，放上香菇片，铺平，放瘦肉片，淋蛋液。

4 锅中注清水烧开，放上蒸盘，放食材，加盖，大火蒸 10 分钟至熟。揭盖，关火后取出即可。

杏鲍菇

杏鲍菇富含蛋白质、维生素、碳水化合物等，而且蛋白质中含有 18 种氨基酸，其中人体所需的 8 种氨基酸齐全，可以全面提高人体免疫力，是不可多得的营养全面的蔬菜。

和风清体汤

2人份

烹饪时间　32 分钟

[原料]

包菜块	100 克
洋葱	80 克
胡萝卜	50 克
海带	30 克
杏鲍菇	30 克
葱花	3 克

[调料]

盐	2 克
食用油	适量

[做法]

1. 胡萝卜、杏鲍菇切小丁；海带、洋葱切小块。

2. 取电饭锅，通电后倒杏鲍菇、包菜、海带、洋葱、胡萝卜，倒食用油，加清水至没过食材，拌匀。

3. 盖上盖子，按下"功能"键，调至"靓汤"状态，煮 30 分钟，按"取消"键，打开盖子，加盐。

4. 放葱花，搅匀调味，断电后将煮好的汤装碗即可。

2人份

杏鲍菇炒芹菜

烹饪时间 2分钟

[🍳 原料]

杏鲍菇 .... 130 克
芹菜..................... 70 克
彩椒..................... 50 克
蒜末.....................少许

[🧂 调料]

盐 .... 3 克
鸡粉.........................少许
水淀粉 ....3 毫升
食用油...................适量

[🥄 做法]

1 将洗净的芹菜切段；杏鲍菇切条；彩椒切条。

2 锅中注清水烧开，放盐、食用油，倒杏鲍菇，搅散，煮至沸，加芹菜段，略煮片刻。

3 再放入彩椒，搅拌匀，煮至断生，捞出焯好的食材，沥干水分，待用。

4 用油起锅，放入蒜末，爆香，倒食材，翻炒匀，加盐、鸡粉，炒匀调味，淋水淀粉。

5 快速翻炒匀，关火后盛出炒好的食材，装入盘中即可。

金针菇

金针菇是一种高盐低钠的食物，这使它很容易将体内废物排出，清除毒素，从而增强体质。金针菇还含有异常丰富的氨基酸，其中的赖氨酸对于儿童智力发育的效果非常好，具有健脑益智的作用。

金针菇瘦肉汤

烹饪方法　4 分 30 秒

扫一扫，看视频

[原料]

金针菇	200 克
猪瘦肉	120 克
姜片、葱花	各少许

[调料]

盐	2 克
鸡粉	2 克
料酒	4 毫升
胡椒粉	适量

[做法]

1 洗净的猪瘦肉切成片，装盘，放在一旁待用。

2 锅中注清水烧开，倒瘦肉，淋料酒，汆去血水，捞出。

3 锅中注清水烧开，倒瘦肉，放姜片，用大火略煮一会，倒金针菇，搅匀，煮至沸。

4 加盐、鸡粉、胡椒粉，搅匀，撇去浮沫，拌匀，盛出装碗中即可。

百合金针菇炒鸡丝

烹饪方法 1 分钟

[🍯 原料]

鸡胸肉 .... 300 克
金针菇 .... 200 克
鲜百合 .... 30 克
红椒丝、姜丝、
葱段 .... 各少许

[🍶 调料]

盐 .... 2 克
鸡粉 .... 2 克
生粉、料酒、
食用油 .... 各适量

[🥄 做法]

1 鸡胸肉切丝，装碗中，放盐、鸡粉，拌匀，加生粉、食用油,拌匀，腌渍 10 分钟。

2 锅中注清水烧开，放金针菇、百合，煮约半分钟，捞出，装盘备用。

3 用油起锅，放姜丝、葱段、红椒丝，爆香，倒鸡肉丝,炒至变色。

4 放金针菇和百合，炒匀，加盐、鸡粉、料酒，炒匀，盛出装盘。

山楂

山楂中含有的解脂酶能促进消化脂肪类的食物，清理毒素，润滑肠道，加速体内垃圾的排除。此外，山楂中含有的三萜类及黄酮类化合物，能有效保护孩子血管，增强心脏的功效，从内在提升孩子免疫力。

山楂藕片

烹饪时间　16 分 30 秒

扫一扫，看视频

[原料]

山楂......................95 克
莲藕....................150 克

[调料]

冰糖......................30 克

[做法]

1　将洗净去皮的莲藕切成片；洗好的山楂去核，切成小块。

2　砂锅中注清水，用大火烧开，放入藕片、山楂。

3　盖上盖，煮沸后用小火炖煮约 15 分钟。

4　揭盖，倒冰糖，快速搅拌匀，大火略煮片刻，盛出。

山楂鱼块

（2人份）

烹饪时间　3分钟

[原料]

山楂......................90 克
鱼肉...................200 克
陈皮......................4 克
玉竹.....................30 克
姜片、蒜末、
葱段...................各少许

[调料]

盐.........................3 克
鸡粉......................3 克
生抽...................7 毫升
生粉.....................10 克
白糖......................3 克
老抽...................2 毫升
水淀粉.................4 毫升
食用油..................适量

[做法]

1　玉竹、陈皮、山楂切小块；鱼肉切块，装碗中，放盐、生抽、鸡粉，拌匀，撒生粉，拌匀，腌10分钟。

2　热锅注油，烧至六成热，放入鱼块，炸至金黄色，捞出。

3　锅底留油，放入姜片、蒜末、葱段，爆香，加陈皮、玉竹，放入山楂，炒匀。

4　倒清水，放生抽、盐、鸡粉、白糖，炒匀调味，淋老抽，倒水淀粉勾芡，加鱼块，炒均匀，盛出装盘。

猪肝

猪肝中含有大量维生素 A，能有效地维持机体的正常生长和生殖机能，多吃猪肝可有效地起到增强人体免疫力的作用。猪肝中的维生素 B_2 能有效为人体提供辅酶，帮助孩子去除身体毒素。

猪肝豆腐汤

烹饪时间　7 分钟

[原料]

猪肝.................. 100 克
豆腐.................. 150 克
葱花、姜片 .... 各少许

[调料]

盐 .... 2 克
生粉 .... 3 克

[做法]

1　锅中注入适量清水烧开，倒入洗净切块的豆腐，拌煮至断生。

2　放入已经洗净切好，并用生粉腌渍过的猪肝，撒入姜片、葱花，煮至沸。

3　加少许盐，拌匀调味，用小火煮约 5 分钟。

4　关火后盛出煮好的汤料，装入碗中即可。

香芹炒猪肝

2人份

烹饪时间 2分钟

[原料]

猪肝....................200 克
芹菜....................150 克
姜片...................... 10 克
蒜末......................少许
红椒丝...................适量

[调料]

盐........................... 3 克
水淀粉...............10 毫升
味精、白糖、蚝油、
葱姜酒汁、芝麻油、
食用油...............各适量

扫一扫，看视频

[做法]

1　芹菜切段；猪肝切片，加姜葱酒汁、盐、味精、水淀粉，拌匀，腌渍片刻。

2　热锅注油，烧热，倒猪肝炒匀，放姜片、蒜末、红椒丝炒匀。

3　倒芹菜段炒匀，加盐、味精、白糖拌炒匀。

4　加蚝油炒匀，用水淀粉勾芡，淋芝麻油，快速拌炒匀，盛出装盘即可。

鸡肉

鸡肉的蛋白质含量比较高，还含有维生素 C、E 等，种类多，而且消化率高，很容易被人体吸收利用，能为孩子提供生长必需的物质，所以鸡肉有增强体力、强壮身体的作用。另外，鸡肉中含有磷脂类，能增强记忆力。

草菇蒸鸡肉

2 人份

烹饪时间　18 分钟

[原料]

鸡肉块 .... 300 克
草菇 .... 120 克
姜片、葱花 .... 各少许

[调料]

盐 .... 3 克
鸡粉 .... 3 克
生粉 .... 8 克
生抽 .... 4 毫升
料酒 .... 5 毫升
食用油 .... 适量

[做法]

1　草菇切片。锅中注清水烧开，放草菇，加鸡粉、盐，搅匀，煮约 1 分钟，捞出，装碗中。

2　倒鸡肉块，加鸡粉、盐，淋料酒，放姜片，撒生粉，拌匀挂浆，注油，淋生抽，拌匀，腌渍片刻。

3　取一蒸盘，倒鸡肉块，摆好。蒸锅上火烧开，放蒸盘。

4　盖上盖，中火蒸约 15 分钟。揭盖，取出。

5　趁热撒上葱花，浇上热油即可。

西葫芦鸡丝汤

烹饪时间　7 分钟

[🍯 **原料**]

西葫芦 .... 100 克
鸡胸肉 .... 120 克
虾皮 .... 30 克
枸杞 .... 10 克
姜片、葱花 .... 各少许

[🧂 **调料**]

盐 .... 3 克
鸡粉 .... 3 克
水淀粉 .... 4 毫升
食用油 .... 适量

[🥄 **做法**]

1 将洗净的西葫芦切成丝；洗好的鸡胸肉切成丝。

2 将鸡肉丝装碗中，放盐、鸡粉，拌匀，倒水淀粉，拌匀，倒油，腌渍10 分钟。

3 锅中注清水烧开，放虾皮、姜片，略煮片刻，放枸杞，倒油，盖上盖，煮 3 分钟。

4 揭盖，倒西葫芦，盖上盖，续煮 2 分钟，揭盖，放鸡肉丝，搅散，煮至熟透。

5 加盐、鸡粉，搅匀调味，盛出，装碗，撒上葱花即可。

鸭肉

鸭肉的脂肪熔点很低，这使得它比其他肉类更易消化，从而有利于孩子吸收。鸭肉富含 B 族维生素和维生素 E，可以有效抵抗炎症，增强身体免疫力，远离疾病。

玉米须芦笋鸭汤

 2人份

烹饪时间　42 分钟

[原料]

鸭腿....................200 克
玉米须..................30 克
芦笋......................70 克
姜片....................少许

[调料]

料酒....................8 毫升
盐..........................2 克
鸡粉......................2 克

[做法]

1. 洗净的芦笋切段；鸭腿斩成小块，备用。

2. 锅中注清水烧开，倒鸭腿块，搅散开，放料酒，拌匀，氽去血水，捞出。

3. 砂锅注清水烧开，放姜片，倒鸭腿块，放玉米须，淋料酒，搅拌匀。

4. 盖上盖，烧开后小火炖 40 分钟，揭开盖子，倒芦笋。

5. 加鸡粉、盐，拌匀，盛出，装盘。

子姜鸭

烹饪时间　23 分钟

[原料]

鸭腿...................... 1 只
子姜.................. 150 克
蒜末、葱段 .... 各少许

[调料]

南乳、生抽、老抽、料酒、
鸡粉、盐、白糖、水淀粉、
食用油 .... 各适量

做法

1 子姜切薄片；鸭腿斩成小件。锅中倒清水烧开，倒鸭肉，拌匀，煮约 1 分钟，捞出。

2 用油起锅，倒鸭腿肉，大火爆香，放入姜片、蒜末、葱白，淋生抽、老抽、料酒，炒匀调味。

3 放南乳，翻炒匀，转小火，加鸡粉、盐、白糖，注入清水。

4 盖上盖，用大火煮沸，转小火焖煮约 20 分钟，取下盖子，撒上葱叶，倒水淀粉，炒匀，盛盘即可。

花生

花生含有丰富的脂肪和蛋白质，能为人体生长提供所必需的物质。花生中的矿物质含量丰富，其中的氨基酸可以促进脑细胞的发育，帮助孩子增强记忆力。

小鱼花生

2人份

烹饪时间 5 分钟

[原料]

小鱼干 .... 150 克
花生米 .... 200 克
红椒 .... 50 克
葱花、蒜末 .... 各少许

[调料]

盐、鸡粉 .... 各 2 克
椒盐粉 .... 3 克
食用油 .... 适量

[做法]

1 红椒切丁。锅中注清水烧开，倒小鱼干，汆煮片刻，捞出。

2 热锅注油，倒花生米，炸约 1 分钟，捞出。

3 锅中倒入小鱼干，炸约 1 分钟至酥软，捞出。

4 用油起锅，倒蒜末、红椒丁、小鱼干，炒匀，加盐、鸡粉、椒盐粉，炒匀。

5 加葱花、花生米，翻炒约 2 分钟，盛出装盘。

红豆花生乳鸽汤

2人份

烹饪时间　200 分钟

[原料]

乳鸽肉 .... 200 克
红豆 .... 150 克
花生米 .... 100 克
桂圆肉 .... 少许
高汤 .... 适量

[调料]

盐 .... 2 克

QRcode

扫一扫 看视频

[做法]

1　锅中注清水烧开，放鸽肉，拌匀，煮 5 分钟，拌匀，汆去血水，捞出乳鸽过冷水。

2　另起锅，注入高汤烧开，加乳鸽肉、红豆、花生米，拌匀。

3　盖上锅盖，调至大火，煮开后调至中火，煮 3 小时。

4　揭开锅盖，倒入少许桂圆肉，放入适量盐，搅拌均匀。

5　盖上锅盖，煮 10 分钟。揭开锅盖，盛出即可。

猕猴桃

猕猴桃含有大量的维生素 C 和抗氧化物质，是天然的免疫辅助剂，能够增强人体免疫功能。另外，其中含有肌醇，肌醇对于预防抑郁症有一定疗效，可以让孩子健康快乐地成长。

 猕猴桃炒虾球

烹饪时间　1 分 30 秒

[🥄 原料]

猕猴桃 .... 60 克
鸡蛋 .... 1 个
胡萝卜 .... 70 克
虾仁 .... 75 克

[🍱 调料]

盐 .... 4 克
水淀粉、食用油 .. 各适量

[🥄 做法]

1　猕猴桃切小块；胡萝卜切丁；虾仁背部切开，去除虾线装碗，加盐、水淀粉，抓匀，腌渍 10 分钟。

2　鸡蛋打碗中，放盐、水淀粉，打散，调匀。锅中倒清水烧开，放 2 克盐，倒胡萝卜，煮 1 分钟，捞出。

3　热锅注油，烧至四成热，倒虾仁，炸至转色，捞出，锅底留油，倒蛋液，炒熟，盛出。用油起锅，倒胡萝卜、虾仁，拌炒匀。

4　倒鸡蛋，加盐，放猕猴桃，倒水淀粉，炒至入味，盛出装盘。

日常食补

PARTS

安神助眠餐——给孩子最好的摇篮曲

健康的睡眠可以有效地调节孩子的情绪，缓解学习生活带来的压力。学会通过饮食来帮助孩子睡眠也是做家长的必修课之一。

苹果

苹果中的维生素 A、C、E 及钾和抗氧化剂等含量都很丰富，其芳香成分中醇类含 92%，羰类化合物 6%，对人体有很好的镇静作用，能帮助孩子快速入眠，保证正常的休息时间。

苹果炖鱼

2 人份

烹饪时间　8 分钟

QRcode
扫一扫，看视频

[原料]

草鱼肉	150 克
猪瘦肉	50 克
苹果	50 克
红枣	10 克
姜片	少许

[调料]

盐	3 克
鸡粉	4 克
料酒	8 毫升
水淀粉	3 毫升
食用油	少许

[做法]

1　苹果切小块；草鱼肉切块；猪瘦肉切块；红枣切开，去核。

2　瘦肉装碗中，放盐、鸡粉，淋水淀粉，拌匀，腌渍一会。

3　热锅注油，放姜片，爆香，倒草鱼块，煎至两面呈微黄色，淋料酒，倒清水。

4　放红枣，加盐、鸡粉，拌匀，倒瘦肉，盖上盖，焖煮约 5 分钟。

5　揭开盖，倒苹果块，煮约 1 分钟，盛出装碗中。

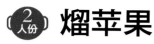

熘苹果

烹饪时间　1 分钟

[🧂 原料]

苹果....................... 1 个
蛋液..................85 毫升
熟芝麻..................少许

[🧂 调料]

白糖....................... 6 克
水淀粉.............. 10 毫升
生粉、食用油...... 各适量

[🥄 做法]

1　苹果切薄片；蛋液倒碗中，撒生粉，拌匀，制成蛋糊。

2　另取一碗，倒苹果，放蛋糊，拌匀，撒生粉，搅拌片刻，制成苹果面糊。

3　热锅注油，烧至五成热，放入苹果面糊，轻搅几下，炸约 1 分钟，捞出。

4　锅底留油，注清水，撒白糖，拌匀，倒水淀粉，制成稠汁，放苹果，炒匀，盛出，撒熟芝麻即成。

香蕉

香蕉含有丰富的镁，能减轻疲劳，帮助人放松神经，轻松入睡。香蕉还是肠道润滑剂，能有效缓解便秘，使体内毒素轻松排除，既清除了毒素，又可以帮助孩子保持体形。

香蕉松饼

2人份

烹饪时间　3分钟

[原料]

香蕉.....................255 克
低筋面粉............280 克
牛奶.................100 毫升
鸡蛋.......................1 个
圣女果.................30 克
泡打粉..................35 克

[调料]

食用油...................适量

[做法]

1. 取一半香蕉去皮切碎；另一半香蕉去皮，切段。

2. 圣女果对半切开，将香蕉段、圣女果摆入盘中。

3. 取一个碗，倒入面粉、泡打粉、香蕉碎，倒入鸡蛋，淋入牛奶，拌匀，制成面糊。

4. 热锅注油烧热，倒入面糊，煎 1 分钟，翻面煎至呈金黄色，盛出装盘。

香蕉大米粥

烹饪时间　126 分钟

[原料]

水发大米.............80 克
香蕉.....................1 根

[做法]

1　将香蕉去皮，切成片。备好电饭锅，倒入泡发好的大米。

2　在电饭锅中注入清水，盖上锅盖，按下"功能"键，调至"米粥"状态。

3　煲煮 2 小时，待时间到，按下"取消"键，打开锅盖，倒入香蕉片。

4　盖上盖，继续调至"米粥"状态，焖 5 分钟。

5　待 5 分钟后，按下"取消"键，打开锅盖，搅拌片刻，盛出装碗中即可。

杏仁

杏仁同时含有色氨酸和镁，二者可以帮助人体肌肉放松，从而使神经放松下来，更好入睡。杏仁中的细胞壁成分，可以降低人体对脂肪的吸收，从而减轻体重，达到控制体重的目的。

罗汉果杏仁猪肺汤

【2人份】

烹饪时间 61 分钟

[🍲 原料]

罗汉果	5 克
南杏仁	30 克
姜片	35 克
猪肺	400 克

[🧂 调料]

料酒	10 毫升
盐	2 克
鸡粉	2 克

[🥄 做法]

1 猪肺切小块。锅中注清水烧热，倒猪肺，将猪肺搅散，汆去血水。

2 捞出汆煮好的猪肺，沥干水分，装碗中；倒适量的清水，将猪肺洗净。

3 砂锅中注清水烧开，放罗汉果、姜片，倒猪肺，淋料酒。

4 盖上盖，烧开后用小火炖 1 小时。揭开盖，放盐、鸡粉。

5 搅拌片刻，盛出，装碗中即可。

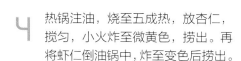

杏仁秋葵

烹饪时间　2分钟

[🔖 **原料**]

虾仁..................... 70 克
秋葵.................. 100 克
彩椒..................... 80 克
北杏仁 .... 40 克
姜片、葱段 .... 各少许

[🍱 **调料**]

盐 .... 4 克
鸡粉....................... 3 克
水淀粉 ....6 毫升
料酒.................. 5 毫升
食用油 ....适量

[🥄 **做法**]

1 秋葵切段；彩椒切小块；虾仁由背部切开，去虾线，备用。

2 虾仁装入碗中，加鸡粉、盐，拌匀，倒适量的水淀粉，拌匀，加入适量食用油，腌渍 10 分钟。

3 锅中注清水烧开，放盐，倒彩椒、秋葵，搅匀，煮半分钟，捞出。

4 热锅注油，烧至五成热，放杏仁，搅匀，小火炸至微黄色，捞出。再将虾仁倒油锅中，炸至变色后捞出。

5 锅底留油，放姜片、葱段，倒秋葵和彩椒，放虾仁，淋料酒，炒匀。

6 加鸡粉、盐，炒匀，倒水淀粉，快速翻炒均匀，装盘，放上杏仁即可。

南瓜子

南瓜子含有丰富的镁，镁可以使肌肉放松，让大脑产生可调节睡眠的褪黑素，从而改善睡眠。南瓜子还含有丰富的脂肪油、蛋白质、胡萝卜素等营养物质，为人体提供所需的营养物质。

南瓜子小米粥

2人份

烹饪时间　31 分钟

[原料]

南瓜子	30 克
水发小米	120 克
水发大米	150 克

[调料]

盐	2 克

[做法]

1　炒锅烧热，倒入南瓜子，小火炒出香味，盛出。

2　取杵臼，倒入炒好的南瓜子，捣碎，把南瓜子末倒入盘中，备用。

3　砂锅中注清水烧热，倒小米、大米，搅拌匀，盖上盖，烧开后用小火煮30 分钟。

4　揭开盖，倒南瓜子，搅拌匀，放盐，拌匀调味，盛出装碗中。

核桃南瓜子酥

2人份

烹饪时间　8分钟

[🍶 原料]

南瓜子 .... 110 克
核桃仁 .... 55 克

[🧂 调料]

白糖 .... 75 克
麦芽糖、食用油 .. 各适量

QRcode
扫一扫，看视频

[🥄 做法]

1　核桃仁放入杵臼中，碾碎，倒出。

2　炒锅烧热，倒南瓜子，小火炒干水分，倒核桃仁末，炒出香味，转中火，炒至焦脆，盛出。

3　用油起锅，倒白糖，用小火慢慢翻炒，至白糖溶化，加麦芽糖，炒至完全溶化。

4　转中火，翻炒一下，倒核桃仁、南瓜子，炒至南瓜子裹匀糖汁，盛出，压平压实，切成小块，装盘。

103

蜂蜜

蜂蜜中含有葡萄糖、维生素、镁、磷、钙等物质，可以帮助调节神经系统，从而促进睡眠。蜂蜜中含有的酶和矿物质可以帮助增强免疫力，提高孩子对各种疾病的抵抗能力。

蜂蜜蒸木耳

 2 人份

烹饪时间　21 分钟

[原料]

水发木耳............... 15 克
枸杞.........................少许

[调料]

红糖、蜂蜜 .... 各少许

QRcode

扫一扫，看视频

[做法]

1　取一个碗，倒洗好的木耳，加蜂蜜、红糖，搅拌均匀，倒蒸盘，备用。

2　将蒸锅置于火上，烧开后，将蒸盘放入。

3　盖上锅盖，用大火蒸 20 分钟，至其熟透。

4　关火后将蒸好的木耳取出，撒上少许枸杞点缀即可。

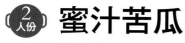

蜜汁苦瓜

烹饪时间 2分30秒

[原料]

苦瓜.................... 130 克
蜂蜜...................40 毫升

[调料]

凉拌醋 ....适量

[做法]

1 将苦瓜洗净切开，取出瓜瓤，用刀切成斜片。

2 锅中注清水烧开，倒苦瓜，搅拌片刻，煮约 1 分钟，至食材软熟后捞出，沥干水分，备用。

3 将焯煮好的苦瓜装入碗中，倒入备好的蜂蜜，再淋入适量凉拌醋。

4 拌匀后，再继续搅拌一会，至食材入味。

5 取一个干净的盘子，盛出拌好的苦瓜即成。

菊花

菊花含有安神镇静的成分，睡前喝一杯菊花茶，能帮助孩子放松大脑，快速入睡。菊花中含有胆碱，是孩子生长发育所必需的物质，可健脑益智。

菊花鱼片

烹饪时间 3分钟

原料

草鱼肉 .... 500 克
莴笋 .... 200 克
高汤 .... 200 毫升
姜片、葱段、
菊花 .... 各少许

调料

盐 .... 4 克
鸡粉 .... 3 克
水淀粉 .... 4 毫升
食用油 .... 适量

做法

1　莴笋切薄片；草鱼肉切双飞鱼片，装入碗中，加盐、水淀粉，拌匀腌渍片刻。

2　热锅中注油，倒姜片、葱段，翻炒爆香，倒清水、高汤，大火煮开。

3　倒莴笋片，搅匀煮至断生，加盐、鸡粉，倒鱼片。

4　倒菊花，搅拌片刻，稍煮一会，盛出装碗中即可。

菊花胡萝卜汤

2人份

烹饪时间　23 分钟

[原料]

胡萝卜 .... 65 克
高汤 .... 300 毫升
菊花 .... 15 克
葱花 .... 少许

[调料]

盐、鸡粉 .... 各 2 克

扫一扫，看视频

[做法]

1　洗净去皮的胡萝卜切厚片，再切条形，改切成小块，备用。

2　砂锅中注入适量清水烧热，倒入高汤，拌匀，放入胡萝卜。

3　盖上锅盖，烧开后用小火煮约 20 分钟。

4　揭开盖，倒入洗好的菊花，拌匀，煮出香味。

5　加入盐、鸡粉，拌匀调味，盛出点缀上葱花即可。

燕麦

燕麦能产生褪黑激素，可以帮助孩子放松神经，改善血液循环，缓解孩子在生活、学习中遇到的压力。燕麦中还含有钙、磷、铁、锌等物质，可以增强骨骼，预防骨质疏松。

 牛奶麦片粥

烹饪时间　5 分钟

[原料]

燕麦片 .... 50 克
牛奶 .... 150 毫升

[🧂 调料]

白砂糖 .... 10 克

[🥄 做法]

1　砂锅中注入少许清水烧热，倒入备好的牛奶。

2　用大火煮沸，放入备好的燕麦片，拌匀、搅散。

3　转中火，煮约 3 分钟，撒白糖，拌匀、煮沸，至糖分完全融化。

4　关火后，把麦片粥盛出，装入碗中即成。

黑米燕麦炒饭

2 人份

烹饪时间　4 分钟

[原料]

火腿肠 .... 50 克
蛋液 .... 60 克
紫菜 .... 10 克
熟薏米 .... 75 克
熟黑米 .... 70 克
米饭 .... 80 克
熟燕麦 .... 60 克

[调料]

生抽 .... 5 毫升
盐 .... 2 克
鸡粉 .... 2 克
食用油 .... 适量

[做法]

1 火腿肠切丁。热锅注油烧热，倒蛋液，翻炒松散。

2 加火腿丁、熟薏米、熟黑米、米饭、熟燕麦，翻炒松散。

3 淋生抽，翻炒上色，加盐、鸡粉，翻炒至入味。

4 倒紫菜，快速翻炒松散，盛出即可。

莴笋

莴笋含有碘元素，碘对于人体基础新陈代谢、心智和体格发育、情感调节都有重要作用，经常食用可以消除紧张、帮助睡眠。莴笋还含有丰富的氟元素，能帮助牙齿和骨骼生长。

清炒莴笋片

烹饪时间　1分30秒

扫一扫，看视频

[原料]

莴笋 .... 500 克
胡萝卜 .... 少许

[调料]

盐 .... 3 克
鸡粉 .... 2 克
白糖 .... 2 克
水淀粉 .... 4 毫升
芝麻油、食用油 .. 各适量

[做法]

1　将去皮洗净的莴笋切成菱形片，装盘备用；洗净的胡萝卜切成薄片，装入盘中。

2　热锅注油，倒入切好的食材，快速拌炒均匀。

3　加入适量盐、鸡粉，再放入白糖，拌炒至入味。

4　加水淀粉、芝麻油，快速拌炒均匀，盛出装盘即可。

莴笋猪血豆腐汤

烹饪时间 2分30秒

[原料]

莴笋	100 克
胡萝卜	90 克
猪血	150 克
豆腐	200 克
姜片、葱花	各少许

[调料]

盐	2 克
鸡粉	3 克
胡椒粉	少许
芝麻油	2 毫升
食用油	适量

[做法]

1　胡萝卜、莴笋切片；豆腐、猪血切小块。

2　用油起锅，放姜片，爆香，倒清水烧开，加盐、鸡粉，放莴笋、胡萝卜，拌匀，倒豆腐块和猪血。

3　盖上盖，用中火煮2分钟。

4　揭开盖，加胡椒粉，淋芝麻油，拌匀，略煮片刻，盛出装汤碗，撒上葱花即可。

藕

藕中含有丰富的碳水化合物、钙、磷、铁等多种营养成分，具有清热、养血、除烦等作用，可以治疗血虚，帮助入睡。藕中的单宁酸有收缩血管的功效，可以用来止血，是帮助孩子益血生肌的好食材。

鲜藕枸杞甜粥

2人份

烹饪时间　47分钟

[原料]

莲藕....................300 克
枸杞.................... 10 克
水发大米............ 150 克

[调料]

冰糖.................... 20 克

[做法]

1　洗净的莲藕切块，再切条，改切成丁，备用。

2　砂锅中注清水烧开，倒大米，拌匀，盖上盖，小火煮约 30 分钟。

3　揭盖，放莲藕，搅拌匀，加枸杞，拌匀。再盖上盖，用小火续煮约 15 分钟。

4　揭开盖，放冰糖，搅拌匀，煮至溶化，盛出装碗中即可。

青椒藕丝

烹饪时间 2 分钟

[🎐 原料]

莲藕....................200 克
青椒....................20 克
红椒.................... 10 克
蒜末....................少许

[🍶 调料]

盐 .... 2 克
味精、白糖、白醋、
水淀粉 .... 各适量

[🥄做法]

1 莲藕切丝，倒入装有清水的碗中浸泡片刻；洗净的青椒、红椒切成丝备用。

2 锅中注清水烧开，加白醋，放莲藕，焯煮片刻，捞出。

3 另起锅，注油烧热，倒蒜末煸香，倒莲藕丝，翻炒 1 分钟。

4 加盐、味精、白糖炒匀调味，倒入青、红椒丝，拌炒至熟透。

5 淋入适量的水淀粉，拌炒均匀，盛盘即可。

莲子

莲子含有丰富的蛋白质、脂肪和碳水化合物，钙、磷和钾含量也非常丰富。莲子心含有的生物碱具有显著的强心作用，可以抗心律不齐，使孩子放松神经，更好地入睡。

莲子炖猪肚

2 人份

烹饪时间　122 分钟

[🦴 **原料**]

猪肚.....................220 克
水发莲子...............80 克
姜片、葱段.........各少许

[🥫 **调料**]

盐...........................2 克
鸡粉、胡椒粉......各少许
料酒.....................7 毫升

[🥄 **做法**]

1　猪肚切条形。锅中注清水烧开，放猪肚条，拌匀，淋料酒，拌匀，煮约 1 分钟，捞出。

2　砂锅中注清水烧热，倒姜片、葱段，放猪肚，倒莲子，淋料酒。

3　盖上盖，烧开后用小火煮约 2 小时，至食材熟透。

4　揭盖，加盐、鸡粉、胡椒粉，拌匀，用中火煮至食材入味，盛出装碗中即可。

拔丝莲子

烹饪时间 5分30秒

[原料]

鲜莲子 .... 100 克
面粉 .... 30 克
生粉 .... 适量

[调料]

白糖 .... 35 克
食用油 .... 适量

[做法]

1 锅中注清水烧热，放莲子，大火煮约6分钟后捞出，沥干备用。

2 面粉装小碗中，注清水，拌匀，倒莲子，拌匀，取出莲子，滚上生粉，制成生坯。

3 热锅注油，烧至四五成热，倒莲子，轻轻搅拌匀，炸约3分钟，捞出沥干。

4 用油起锅，放白糖，快速炒匀，转小火，熬至暗红色，倒莲子，炒匀，盛出即成。

百合

百合中不仅含有蛋白质、脂肪、还原糖、淀粉等多种营养素，还含有秋水鲜碱等多种生物碱，这些物质在人体内综合作用，有很好的静心安神的效果，有助于孩子放松心情，安然入睡。

百合鲍片

2人份

烹饪时间　2分钟

[原料]

鲍鱼肉 .... 140 克
鲜百合 .... 65 克
彩椒 .... 12 克
姜片、葱段 .... 各少许

[调料]

盐、鸡粉 .... 各 2 克
白糖 .... 少许
料酒 .... 3 毫升
水淀粉、食用油 .. 各适量

[做法]

1　将洗净的鲍鱼肉切片；洗净的彩椒切菱形片。

2　锅中注清水烧开，放百合，拌匀，焯煮一会，捞出备用。

3　沸水锅中倒鲍鱼片，拌匀，汆去腥味，捞出并沥干水分，备用。

4　用油起锅，撒姜片、葱段，爆香，倒彩椒片，放鲍鱼片，淋料酒，炒出香味，倒百合。

5　转小火，加盐、鸡粉、白糖，用水淀粉勾芡，盛出装盘。

日常食补

PART 6

视力保健餐——孩子远离『恶』视力

现如今放眼望去，学龄儿童没有几个不近视的。
这既有学习压力的问题，也有饮食的不合理。
其实近视并不可怕，家长可以通过饮食的调理，
为眼睛补充缺乏的营养元素，
孩子的视力一定会更上一个台阶。

蓝莓

蓝莓果实含有的花色苷色素能很好地保护眼睛，减轻孩子因学习而对眼睛产生的疲劳、压力。蓝莓中的维生素 C 能增强心脏功能，减轻大脑消耗，为大脑补充所需要的营养物质。

 蓝莓山药泥

烹饪时间　17 分钟

[原料]

山药.................. 180 克
蓝莓酱 .... 15 克

[调料]

白醋.......................适量

[做法]

1　山药切块，浸清水中，加白醋，拌匀，去黏液，捞出。

2　山药放入烧开的蒸锅中，盖上盖，用中火蒸 15 分钟。

3　揭盖，把蒸熟的山药取出，倒入大碗中，先用勺子压烂，再用木锤捣成泥。

4　取一碗，放山药泥，再放上适量蓝莓酱即可。

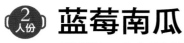

蓝莓南瓜

2人份

烹饪时间　5分30秒

[原料]

蓝莓酱 40克
南瓜 400克

QRcode

扫一扫，看视频

[做法]

1　南瓜切厚片，放盘中，摆放整齐，将蓝莓酱抹在南瓜片上。

2　把加工好的南瓜片放入烧开的蒸锅中。

3　盖上盖，用大火蒸5分钟，至食材熟透。

4　揭开盖，把蒸好的蓝莓南瓜取出即可。

木瓜

木瓜中维生素 C 的含量丰富，是眼睛的保护伞。木瓜富含 17 种以上氨基酸和钙、铁等，还含有木瓜蛋白酶、番木瓜碱等，能比较全面地补充人体所需的营养，增强孩子免疫力，抵抗各种疾病的危害。

姜醋木瓜

 2人份

烹饪时间　17 分钟

[🥘 原料]

青木瓜 ....260 克
生姜.....................40 克

[🧂 调料]

陈醋.................100 毫升

[🥄 做法]

1　将去皮洗净的青木瓜切开，去除瓜瓤，再切小块；生姜去皮切片。

2　砂锅置火上，倒木瓜块，放姜片，注入适量的陈醋。

3　盖上盖，大火烧开后改小火煮约 15 分钟，至木瓜熟软。

4　揭盖，搅拌几下，关火后盛出煮好的菜肴，装盘中，稍冷后食用。

2人份

木瓜鲤鱼汤

烹饪时间　35 分钟

[🎣 **原料**]

鲤鱼.....................800 克
木瓜.....................200 克
红枣.......................8 克
香菜.....................少许

[🍶 **调料**]

盐、鸡粉............各 1 克
食用油...................适量

[🥄 **做法**]

1　洗净的木瓜削皮，去籽，改切成块；
　　香菜切大段。

2　热锅注油，放鲤鱼，稍煎 2 分钟，
　　盛出装盘。

3　砂锅注水，放鲤鱼，倒木瓜、红枣，
　　拌匀，加盖，大火煮 30 分钟。

4　揭盖，倒香菜，加盐、鸡粉，稍搅
　　拌至入味，盛出装碗即可。

枸杞

枸杞含有丰富的胡萝卜素，维生素 A、B₁、B₂、C，钙、铁等眼睛健康所必需的物质，可以帮助孩子远离眼疾的困扰，使眼睛达到正常标准。枸杞中的甜菜碱可以帮助肝脏排毒，很好地保护孩子的肝脏器官。

枸杞拌菠菜

2人份

烹饪时间　2分钟

QRcode

扫一扫，看视频

[原料]

菠菜.....................230 克
枸杞.....................20 克
蒜末.....................少许

[调料]

盐.........................2 克
鸡粉.....................2 克
蚝油.....................10 克
芝麻油.................3 毫升
食用油.................适量

[做法]

1　菠菜切段；锅中注清水烧开，淋食用油，倒枸杞，焯煮片刻，捞出。

2　菠菜倒入沸水锅中，搅拌匀，煮 1 分钟，捞出。

3　菠菜倒碗中，放蒜末、枸杞，加盐、鸡粉、蚝油、芝麻油。

4　搅拌至食材入味，盛出装盘即可。

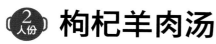

枸杞羊肉汤

烹饪时间　46 分钟

[原料]

羊肉片 .... 300 克
枸杞 .... 5 克
姜片、葱段 .... 各少许

[调料]

盐 .... 2 克
鸡粉 .... 2 克
生抽 .... 3 毫升
料酒 .... 10 毫升

[做法]

1 锅中注清水，大火烧开，倒羊肉，淋料酒，氽去杂质，捞出。

2 砂锅中注清水烧热，倒入羊肉、姜片、葱段，淋料酒。

3 盖上锅盖，烧开后转中火煮约35分钟。

4 揭开锅盖，倒枸杞，加盐、鸡粉、生抽。盖上盖，续煮10分钟，拌匀，盛出。

红薯

红薯含有丰富的食物纤维、多种维生素和矿物质，可以有效增强肝脏和肾脏功能，从而达到保护眼睛的功效。红薯的淀粉含量很高，可以补充人体所需的营养物质。

2人份 土豆红薯泥

烹饪时间　1 分钟

[原料]

熟土豆 ....200 克
熟红薯 .... 150 克
蒜末、葱花 .... 各少许

[调料]

盐 .... 2 克
鸡粉......................... 2 克
芝麻油 ....适量

[做法]

1　将熟土豆、熟红薯装入保鲜袋中，用擀面杖将其碾压成泥状。

2　将泥状食材装碗中，用筷子打散，加备好的蒜末，搅拌匀。

3　加盐、鸡粉，搅匀调味，淋芝麻油，搅拌匀。

4　将拌好的食材装入碗中，撒上葱花即可。

红薯烧南瓜

烹饪时间 11 分钟

[原料]

红薯.................... 100 克
南瓜.................... 120 克
葱花.....................少许

[调料]

盐 .... 2 克
鸡粉...................... 2 克
食用油 ....适量

[做法]

1 南瓜切丁；红薯切丁。

2 锅中注油烧热，倒入红薯、南瓜，翻炒匀。

3 注入适量清水，盖上盖，用小火焖10分钟。

4 揭开盖，放盐、鸡粉，炒匀，大火收汁，快速翻炒片刻，盛出，撒上葱花即可。

芥菜

芥菜的组织很粗硬，而且含有胡萝卜素和丰富的食用纤维素，因而有明目和通便的作用。芥菜中的维生素 A、维生素 B、维生素 C、维生素 D 含量很丰富，可以为大脑补充所需的多种营养成分，有健脑益智的效果。

干贝芥菜

 2 人份

烹饪时间　6 分钟

[原料]

芥菜..................... 700 克
水发干贝.............. 15 克
干辣椒.................. 5 克

[调料]

盐、鸡粉............. 各 1 克
食粉、食用油...... 各适量

[做法]

1　干辣椒切丝。锅中注水烧开，加食粉，倒芥菜，拌匀，余煮 3 分钟，捞出放凉水中。

2　取出泡过凉水的芥菜，去掉叶子，放在砧板上，对半切开。

3　用油起锅，放干辣椒，油炸约 2 分钟，捞出。

4　注清水，倒入干贝、芥菜，煮约 2 分钟，加盐、鸡粉，拌匀。

5　捞出食材装盘，盛出汤汁淋在芥菜上即可。

Part
6

2人份 芥菜竹笋豆腐汤

烹饪时间　6分钟

[原料]

芥菜末 .... 150 克
豆腐块 .... 300 克
竹笋块 .... 100 克
姜末 .... 少许

[调料]

盐、鸡粉 .... 各 2 克
水淀粉、料酒、
食用油 .... 各适量

[做法]

1　锅中注清水烧开，倒豆腐、竹笋，拌匀，煮约 2 分钟，捞起。

2　锅中注油，放姜末，倒芥菜末，翻炒约 1 分钟，淋料酒调味。

3　锅中加清水，拌匀，盖上盖，煮至沸腾。

4　揭开锅盖，倒入焯煮好的豆腐和竹笋，加盐、鸡粉，拌匀。

5　盖上盖，续煮 2 分钟，至食材熟透；揭开盖，加入适量水淀粉。

6　搅拌均匀后，盛出煮好的汤料，装入碗中即可。

白萝卜

白萝卜含有多种维生素和丰富的碳水化合物，其中维生素 C 的含量高出梨约 8 倍，对孩子长高很有帮助。而且，白萝卜中的芥子油和膳食纤维可促进胃肠蠕动，有助于体内废物的排出，还有开胃生津的功效，多吃可以健脾益胃。

红烧白萝卜

2 人份

烹饪时间　23 分钟

[原料]

去皮白萝卜 ....400 克
鲜香菇 ....3 个

[调料]

盐、鸡粉.............各 1 克
白糖.......................2 克
生抽、老抽 ......各 5 毫升
水淀粉、食用油 ..各适量

[做法]

1　白萝卜切滚刀块；鲜香菇斜刀对半切开。

2　用油起锅，倒香菇，炒出香味，注清水。

3　放白萝卜，拌匀，加盐、生抽、老抽、白糖、鸡粉，拌匀。

4　加盖，用大火烧开后转中火焖 20 分钟，揭盖，用水淀粉勾芡，盛出装盘。

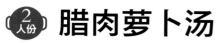

腊肉萝卜汤

烹饪时间 92 分钟

[🥄 原料]

去皮白萝卜 .... 200 克
胡萝卜块 .... 30 克
腊肉 .... 300 克
姜片 .... 少许

[🧂 调料]

盐 .... 2 克
鸡粉 .... 3 克
胡椒粉 .... 适量

QRcode
扫一扫，看视频

[🥄 做法]

1　白萝卜切厚块；腊肉切块。锅中注
　　清水烧开，倒腊肉，氽煮片刻。

2　砂锅中注清水，倒腊肉、白萝卜、
　　姜片、胡萝卜块，拌匀。

3　加盖，大火煮开后转小火煮 90 分
　　钟至食材熟透。

4　揭盖，加盐、鸡粉、胡椒粉，搅拌
　　均匀至入味。

5　关火后盛出煮好的汤汁，装入碗中
　　即可。

鹌鹑蛋

鹌鹑蛋含有丰富的维生素 A，它是保持孩子好视力的重要营养物质。此外，鹌鹑蛋中丰富的蛋白质、脑磷脂、卵脂磷等营养成分，可以补气益血、强壮身体，是孩子理想的滋补食品。

叉烧鹌鹑蛋

2 人份

烹饪时间　12 分钟

扫一扫，看视频

[🍳 **原料**]

鹌鹑蛋 .... 250 克
叉烧酱 .... 15 克

[🧂 **调料**]

食用油 .... 适量

[🥄 **做法**]

1　砂锅中注清水，倒鹌鹑蛋，加盖，大火煮开转小火煮 8 分钟，揭盖，捞出入凉水中冷却。

2　剥去鹌鹑蛋的壳，放入碗中待用。

3　用油起锅，倒入叉烧酱，炒匀，放鹌鹑蛋，油煎约 2 分钟。

4　关火，捞出煎好的鹌鹑蛋，装入碗中即可。

鹌鹑蛋龙须面

烹饪时间　4 分钟

[🍶 **原料**]

龙须面 .... 120 克
熟鹌鹑蛋 .... 75 克
海米 .... 10 克
生菜叶 .... 30 克

[🍚 **调料**]

盐 .... 2 克
食用油 .... 适量

[🥄 **做法**]

1　将生菜洗净，切成条状碎叶，放在一旁备用。

2　砂锅中注清水烧开，淋食用油，撒海米，略煮片刻，放入折断的龙须面，拌匀，煮至软。

3　盖上盖，用中火煮约 3 分钟，至其熟透。

4　揭盖，加盐，倒熟鹌鹑蛋，拌匀，煮至汤汁沸腾。

5　锅中放入生菜叶碎，拌煮至断生，关火后盛入碗中即可。

上海青

上海青可以保持血管弹性，提供人体所需的矿物质、维生素，其中维生素 B_2 的含量尤为丰富，有抑制溃疡的作用，经常食用对皮肤和眼睛的保养有很好的效果。上海青还富含纤维，可以有效改善便秘。

青菜干贝烩口蘑

2 人份

烹饪时间　3 分钟

[原料]

水发干贝............... 10 克
口蘑.................... 25 克
上海青.................. 20 克
高汤................150 毫升

[调料]

盐........................... 3 克
鸡粉...................... 2 克
生抽、胡椒粉、
水淀粉 .... 各适量

[做法]

1　锅中注清水烧开，倒口蘑，略煮一会，放上海青，加盐，拌匀。

2　捞出焯煮好的上海青，装入盘中。将上海青沿着盘子边沿摆放好。

3　锅中倒高汤，放干贝、口蘑，略煮一会，放盐、鸡粉、生抽、胡椒粉，拌匀调味。

4　用水淀粉勾芡，关火后将锅中的菜肴盛入备好的盘子中即可。

青菜蒸豆腐

烹饪时间　10 分 30 秒

[🛢 原料]

豆腐.................. 100 克
上海青 ....60 克
熟鸡蛋 .... 1 个

[🍱 调料]

盐 .... 2 克
水淀粉 ....4 毫升

[🥄 做法]

1 锅中注清水烧开，放上海青，焯煮约半分钟，捞出后剁成末；豆腐剁泥；熟鸡蛋取出蛋黄，切碎末。

2 取一碗，倒豆腐泥，放上海青，搅拌匀，加盐，拌至盐分溶化。

3 淋水淀粉，拌匀上浆，将拌好的食材装入另一个大碗中，抹平，撒蛋黄末。

4 蒸锅上火烧沸，放入装有食材的大碗，加盖，中火蒸约 8 分钟，揭盖，取出食材，摆好即成。

绿茶

绿茶中含有茶多酚、维生素 C 等营养成分，能吸收藏在人体里的有害的放射性物质，并通过大小便排出人体外。绿茶中还含有胡萝卜素，它能转变成维生素 A，对眼睛的保护相当好。

柠檬蜂蜜绿茶

烹饪时间　1 分钟

QRcode

扫一扫，看视频

[🥣 **原料**]

柠檬片 .... 45 克
绿茶..................... 10 克

[🧂 **调料**]

蜂蜜..................... 30 克

[🥄 **做法**]

1　砂锅中注清水烧开，放入备好的柠檬片。

2　加入绿茶，拌匀，煮 1 分钟。

3　把煮好的茶水盛出，用筛子将茶水滤入杯中。

4　加入蜂蜜即可。

绿茶豆浆

烹饪时间 16 分钟

[🍳 原料]

绿茶.......................4 克
水发绿豆...............50 克
干黄菊....................少许

[🥄 做法]

1 将泡发好的绿豆倒碗中，注清水，搓洗干净，倒入过滤网，沥干。

2 将绿豆、绿茶、干黄菊倒入豆浆机中，注清水，至水位线。

3 盖上豆浆机机头，选择"五谷"程序，再选择"开始"键，开始打浆。

4 待豆浆机运转约 15 分钟，即成豆浆，将豆浆机断电，取下机头。

5 把豆浆倒入滤网，滤取豆浆，将滤好的豆浆倒入杯中即可。

鸡肝

鸡肝中的维生素 A 含量非常丰富，能保护眼睛，使孩子维持正常视力，防止眼睛过度疲劳。鸡肝中的维生素 B_1 进入人体内后可以产生一种挥发性物质，这种物质能使蚊虫远离孩子，使孩子免受蚊子叮咬。

胡萝卜炒鸡肝

 2人份

烹饪时间　1 分 30 秒

[原料]

鸡肝.....................200 克
胡萝卜..................70 克
芹菜.....................65 克
姜片、蒜末、葱段各少许

[调料]

盐...........................3 克
鸡粉.......................3 克
料酒.....................8 毫升
水淀粉.................3 毫升
食用油.................适量

[做法]

1　芹菜切段；胡萝卜切条；鸡肝切片，装碗中，放盐、鸡粉、料酒，抓匀，腌渍 10 分钟。

2　锅中注清水烧开，加盐，放入胡萝卜条，焯煮至八成熟，捞出。

3　把鸡肝片倒沸水锅中，汆煮至转色，捞出。

4　用油起锅，放姜片、蒜末、葱段，倒鸡肝片，淋入料酒，倒胡萝卜、芹菜，翻炒匀。

5　加盐、鸡粉，炒匀调味，倒水淀粉，勾芡，盛出装盘。

银耳鸡肝粥

2人份

烹饪时间 37 分钟

[原料]

水发大米............150 克
水发银耳............100 克
鸡肝................150 克
枸杞................3 克
姜丝、葱花.........各少许

[调料]

盐 ....2 克
鸡粉................3 克
生粉、食用油......各少许

[做法]

1 鸡肝切片；银耳切小块。

2 鸡肝装碗中，加盐、鸡粉，拌匀，放姜丝、生粉、食用油，拌匀，腌渍 10 分钟。

3 砂锅中注清水烧开，放大米、鸡肝、银耳，拌匀后用大火煮开，再转小火煮 35 分钟。

4 倒枸杞，拌匀，煮 1 分钟，加盐、鸡粉，拌匀调味，放葱花，拌匀，盛出装碗中即可。

鸭肝

鸭肝中富含维生素 A，而维生素 A 在孩子眼睛健康发育的过程中是必不可少的物质，可防止眼睛干涩、疲劳。此外，鸭肝还含有丰富的铁，可以预防孩子缺铁性贫血，使孩子面色红润、肤色健康。

白芝麻鸭肝

2 人份

烹饪时间　1 分 30 秒

QRcode 扫一扫，看视频

[原料]

熟鸭肝 .... 130 克
鸡蛋......................... 1 个
白芝麻 .... 15 克
姜末.........................少许

[调料]

盐 .... 2 克
鸡粉......................... 2 克
面粉......................... 5 克
食用油.....................适量

[做法]

1　熟鸭肝剁末；鸡蛋打开，蛋清、蛋黄分别装入小碗中，再分别打散。

2　取一大碗，倒鸭肝，撒姜末，放盐、鸡粉，倒少许蛋清，搅匀，加面粉，快速拌匀。

3　倒入余下的蛋清，拌匀，取一盘子，抹少许蛋黄，放鸭肝。

4　铺平，压成饼状，再分次涂上余下的蛋黄，在饼的两面均匀地沾上白芝麻。

5　热锅中注油，烧至五成热，转小火，放鸭肝饼生坯，炸 1 分钟，捞出，装盘。

日常食补

PART7

减肥餐——孩子形体管理从小开始

许多家长越来越关心孩子的身高，却偏偏忽视了孩子的肥胖问题，直到家里出现了那肉呼呼的一个胖墩，才惊呼：我孩子这么胖了？！

肥胖是一个世界性难题，要想孩子健康成长，应该从小就健康饮食，塑造良好体形。

花菜

花菜的含水量很高，但是热量很低，为身体提供水分的同时可以减轻肥胖、控制体重。花菜中还含有维生素 A、维生素 C、维生素 E 等多种物质，能促进血液循环，提高基础代谢率，防止脂肪囤积。

 火腿花菜

烹饪时间　2 分钟

[原料]

火腿..................80 克
花菜..................200 克
姜片、蒜末、
葱段..................各少许

[调料]

盐..........................3 克
鸡粉.......................2 克
水淀粉..................2 毫升
食用油..................适量

[做法]

1　将洗净的花菜切成小块；洗好的火腿切成片。

2　锅中注水烧开，加盐、食用油，倒花菜，煮 1 分 30 秒，捞出。

3　用油起锅，下姜片、蒜末，爆香，放火腿片，拌炒香。

4　倒花菜，翻炒均匀，加清水，放盐、鸡粉，炒匀。

5　倒水淀粉勾芡，撒葱段，拌炒均匀，盛出装碗即可。

花菜菠萝稀粥

2人份

烹饪时间 44 分钟

[🥄 原料]

菠萝肉 .... 160 克
花菜 .... 120 克
水发大米 .... 85 克

[🥄 做法]

1. 将去皮洗净的菠萝肉切小丁块；洗好的花菜去除根部，切成小朵。

2. 砂锅中注清水烧开，倒大米，拌匀，盖上盖，烧开后用小火煮 30 分钟。

3. 揭盖，倒花菜，拌匀。再盖上盖，用小火续煮 10 分钟。

4. 揭盖，倒入菠萝，拌匀，用小火续煮 3 分钟，关火后盛出煮好的稀粥即可。

冬瓜

冬瓜几乎不含脂肪，热量很低，且含水量高，其中的丙醇二酸可以抑制糖类转化成脂肪，防止脂肪堆积，起到减轻体重的作用。此外，冬瓜还含有膳食纤维，在促进肠胃蠕动、预防便秘的同时还能增加饱腹感，以防饮食过度而导致肥胖。

白菜冬瓜汤

2人份

烹饪时间 7分钟

[原料]

大白菜 .... 180 克
冬瓜 .... 200 克
枸杞 .... 8 克
姜片、葱花 .... 各少许

[调料]

盐 .... 2 克
鸡粉 .... 2 克
食用油 .... 适量

[做法]

1　将洗净去皮的冬瓜切成片；洗好的大白菜切成小块。

2　用油起锅，放姜片，爆香，倒冬瓜片，翻炒匀。

3　放大白菜，炒匀，倒清水，放枸杞，盖上盖，烧开后用小火煮5分钟。

4　揭盖，加盐、鸡粉，搅匀调味，盛出装碗中，撒上葱花即成。

海带冬瓜烧排骨

烹饪时间　27 分钟

[🍶 原料]

海带.....................80 克
排骨...................400 克
冬瓜...................180 克
八角、花椒、姜片、
蒜末、葱段.........各少许

[🍱 调料]

料酒.....................8 毫升
生抽.....................4 毫升
白糖...................... 3 克
水淀粉.................2 毫升
芝麻油.................2 毫升
盐、食用油.........各适量

[🥄 做法]

1　冬瓜切小块；海带切小块；锅中注清水烧开，倒排骨，煮至沸，汆去血水，捞出。

2　用油起锅，放八角、姜片、蒜末、葱段，爆香，倒入排骨，翻炒均匀。

3　放花椒，翻炒，淋料酒，炒匀，加生抽，炒匀，倒清水，煮至沸。

4　盖上盖，小火焖 15 分钟。揭开盖，倒冬瓜、海带。

5　盖上盖，小火焖 10 分钟。揭开盖，加盐、白糖，炒匀。

6　转大火收汁，倒水淀粉，淋芝麻油，炒匀，盛出装碗即可。

洋葱

洋葱中含有二烯丙基二硫化物和含硫氨基酸，能防止胆固醇在血管中的堆积，可以有效缓解肥胖。而且，洋葱的脂肪含量比较低，热量不高，且富含钾，可以有效控制血压，清除孩子患上高血压的隐患。

洋葱腊肠炒蛋

 2人份

烹饪时间　2分钟

QRcode
扫一扫，看视频

[原料]

洋葱......................55 克
腊肠......................85 克
蛋液.....................120 克

[调料]

盐 ....2 克
水淀粉、食用油 ..各适量

[做法]

1 将洗净的腊肠切开，改切成小段；洗好的洋葱切开，再切小块。

2 蛋液装碗中，加盐，搅散，倒水淀粉，快速搅拌一会，调成蛋液。

3 用油起锅，倒腊肠，炒出香味，放洋葱块，大火快炒。

4 倒蛋液，铺开，呈饼形，再炒散，至食材熟透，盛出装盘。

洋葱羊肉汤

烹饪时间　45 分钟

[🥄 原料]

洋葱片 .... 150 克
羊肉.................. 200 克
香菜末 .... 10 克
姜末.................. 少许

[🍱 调料]

盐 .... 3 克
鸡粉 .... 2 克
蚝油 .... 5 克
食用油 .... 适量

[🥄 做法]

1　锅中注水烧开，倒羊肉，拌匀，煮 2 分钟，捞出，过冷水，备用。

2　热锅注油，烧至六成热，放姜末，爆香，倒洋葱片，加清水，倒羊肉，拌匀，加盐、鸡粉、蚝油，拌匀。

3　盖上盖，用大火烧开后转至小火炖约 40 分钟。

4　揭开盖，搅拌均匀，盛出炖好的汤料，装入碗中，撒上香菜末即可。

丝瓜

丝瓜的热量很低，所含的皂甙和黏液可以加速脂肪分解和通畅肠胃，从而降脂减肥。丝瓜中的维生素 C 含量也很高，能促进机体新陈代谢，加速脂肪的燃烧速度，从而达到减肥的目的。

蚝油丝瓜

烹饪时间　2 分钟

扫一扫，看视频

[🛍 原料]

丝瓜......................200 克
彩椒......................50 克
姜片、蒜末、
葱段....................各少许

[🗄 调料]

盐 ....2 克
鸡粉.......................2 克
蚝油.......................6 克
水淀粉、食用油 .. 各适量

[🥄 做法]

1　将洗净去皮的丝瓜对半切开，切成小块；洗好的彩椒去籽，切成小块。

2　热锅注油，放入姜片、蒜末、葱段，爆香，倒入彩椒、丝瓜，炒匀。

3　放清水，翻炒，加盐、鸡粉，拌炒匀，放蚝油，炒匀调味。

4　用大火收汁，倒水淀粉，快速翻炒均匀，盛出装盘。

丝瓜瘦肉粥

烹饪时间 31 分 30 秒

[📊 **原料**]

丝瓜.....................45 克
瘦肉.....................60 克
水发大米............100 克

[🍶 **调料**]

盐..........................2 克

[🥄 **做法**]

1. 丝瓜切粒；瘦肉剁成肉末。锅中注清水，大火烧热，倒入水发好的大米，拌匀。

2. 盖上盖，用小火煮 30 分钟至大米熟烂。

3. 揭盖，倒肉末，拌匀，放丝瓜，拌匀煮沸。

4. 加盐，拌匀调味，煮沸，将煮好的粥盛出，装入碗中即可。

芹菜

芹菜不仅自身热量低，而且食用芹菜所消耗的热量远远高于进食芹菜的热量，是减肥佳品。其所含的膳食纤维能加速肠道内垃圾的排除，改善便秘。芹菜的含铁量十分丰富，多食可以预防儿童缺铁性贫血。

芹菜豆皮干

2 人份

烹饪时间　5 分钟

[原料]

豆皮.................. 110 克
芹菜.................. 100 克
蒜末、姜片 .... 各少许

[调料]

盐、鸡粉............. 各 2 克
胡椒粉 .... 3 克
食用油 .... 适量

[做法]

1　将洗净的芹菜切成段；洗好的豆皮切成块。

2　热锅注油，烧至五成热，放豆皮，炸约 4 分钟，捞出，切小段。

3　用油起锅，放姜片、蒜末，爆香，倒芹菜段，炒香。

4　放豆皮段，炒匀，注清水，加盐、鸡粉、胡椒粉，翻炒约 3 分钟，盛出装盘。

芹菜饺

2人份

烹饪时间　15 分钟

[🍶 原料]

馅料：

芹菜末 .... 30 克

沙葛末 .... 30 克

肉末...................... 40 克

水晶皮：

澄面、生粉 ..... 各 150 克

水 .... 100 毫升

[🧂 调料]

盐 .... 2 克

白糖........................ 5 克

生粉........................ 5 克

蚝油........................ 8 克

猪油........................ 8 克

味精........................ 1 克

QRcode

扫一扫，看视频

[🥄 做法]

1　肉末、沙葛末、芹菜末加入盐、味精、白糖，放蚝油，加生粉，倒猪油，拌匀。

2　将澄面、生粉倒碗中，加水，拌成浆液，加热水，拌匀，倒在操作台上，揉搓成面团。

3　将面团揉成长条，用刮板切成小剂子，擀成薄片，放馅料，包好捏紧，制成芹菜饺生坯。

4　将生坯放入铺有油纸的蒸笼中，把蒸笼放入烧开的蒸锅中，盖上盖，大火蒸 4 分钟，取出，装盘。

柚子

柚子含有大量维生素 C，可以为人体提供所需的营养物质，加速机体基础代谢，提高脂肪燃烧率。柚子富含钾的同时几乎不含钠，是预防肥胖引起的高血压病的食疗首选。

蜜柚苹果猕猴桃沙拉

2人份

烹饪时间　1分钟

QRcode
扫一扫，看视频

[原料]

柚子肉 .... 120 克
猕猴桃 .... 100 克
苹果.................... 100 克
巴旦木仁............ 35 克
枸杞..................... 15 克

[调料]

沙拉酱 .... 10 克

[做法]

1　猕猴桃切小块；苹果切小块；柚子肉分成小块。

2　把处理好的果肉装碗中，放沙拉酱，拌匀。

3　加巴旦木仁、枸杞，搅拌一会，使食材入味。

4　将拌好的水果沙拉盛出，装入盘中即可。

橘柚汁

烹饪时间　1 分钟

[🝔 原料]

柚子.................... 100 克
橘子.................... 90 克

[🥄 做法]

1 洗净的橘子剥取果肉，去除果肉上的白络；洗净的柚子剥取果肉。

2 取榨汁机，选择搅拌刀座组合，倒入果肉，注矿泉水，盖好盖。

3 通电后选择"榨汁"功能，搅拌一会，榨取果汁。

4 断电后倒出榨好的果汁，装入碗中即成。

糙米

糙米的膳食纤维含量异常丰富，它能与胆固醇结合并加速胆固醇的排出，从而达到减肥目的。糙米还含有多种氨基酸、维生素、矿物质，可以为人体发育提供多种营养物质，从而提高孩子的免疫力。

2人份 南瓜糙米饭

烹饪时间　37 分钟

[原料]

南瓜丁 .... 140 克
水发糙米 .... 180 克

[调料]

盐 .... 少许

[做法]

1. 取一蒸碗，放入洗净的糙米，倒入南瓜丁。

2. 搅散，注入适量清水，加入少许盐，拌匀，待用。

3. 蒸锅上火烧开，放入蒸碗，盖上盖，用大火蒸约 35 分钟。

4. 关火后揭盖，待蒸汽散开，取出蒸碗，稍微冷却后即可食用。

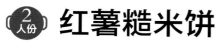

红薯糙米饼

2人份

烹饪时间　23分钟

[原料]

红薯片 .... 200 克
蛋清 .... 50 毫升
糙米粉 .... 150 克

QRcode
扫一扫，看视频

[做法]

1　蒸锅中注水烧开，放红薯片，加盖，用大火蒸15分钟。

2　碗中加蛋清，用电动搅拌器搅拌至鸡尾状，待用。

3　揭盖，取红薯片，放碗中，用勺子压成泥状。

4　倒入糙米粉及蛋清，将食材拌匀至成浆糊，装盘待用。

5　热锅中放浆糊，戴上一次性手套，用手压制成饼状。

6　烙约4分钟后，放在砧板上，切成数块扇形，装盘即可。

薏米

薏米含有丰富的水溶性膳食纤维，可以吸附胆盐，加大脂肪与酶的接触面积，从而加速脂肪的分解速度，降低肥胖发生率。薏米中的矿物质和维生素也比较多，可以加速机体新陈代谢，提高脂肪和糖分在体内的分解速度，使儿童远离肥胖。

薏米白菜汤

2 人份

烹饪时间　37 分钟

[🔓 原料]

白菜 .... 140 克
薏米 .... 150 克
姜丝、葱丝 .... 各少许

[🧂 调料]

盐、鸡粉 .... 各 2 克
食用油 .... 少许

QRcode
扫一扫，看视频

[🥄 做法]

1　洗好的白菜切去根部，切成粗丝，备用。

2　砂锅置于火上，倒油烧热，放姜丝、葱丝，炒匀，注清水。

3　倒薏米，拌匀，盖上盖，烧开后用小火煮约 30 分钟。

4　揭开盖，放白菜，拌匀。再盖上盖，用小火煮约 6 分钟。

5　揭开盖，加盐、鸡粉，拌匀，盛出即可。

绿豆薏米炒饭

烹饪时间　3分钟

[原料]

水发绿豆.............. 70 克
水发薏米.............. 75 克
米饭.................. 170 克
胡萝卜丁.............. 50 克
芦笋丁................ 50 克

[调料]

盐、鸡粉............各 1 克
生抽..................5 毫升
食用油................适量

[做法]

1 沸水锅中倒绿豆，放薏米，大火煮开后转中火续煮30分钟，盛出。

2 用油起锅，倒入胡萝卜丁、芦笋丁，放绿豆和薏米，炒匀。

3 倒米饭，压散，炒约1分钟，加生抽，炒匀。

4 加盐、鸡粉，炒匀，装碗即可。

草莓

草莓中的天冬氨酸可以减少腰部脂肪的堆积，而其中所含有的膳食纤维和果胶能润滑肠道，加速体内有害物质的排出，提高孩子免疫力，从而加速脂肪燃烧率，降低孩子患肥胖症的风险。

草莓西芹汁

2人份

烹饪时间 1 分钟

QRcode

扫一扫，看视频

[原料]

草莓	4 颗
西芹	40 克
白糖	30 克

[调料]

白糖	适量

[做法]

1. 洗净的草莓去蒂后对半切开；洗净的西芹切成块状。

2. 备好榨汁机，倒入切好的食材，倒入适量凉开水。

3. 盖上盖，调转旋钮至 1 档，榨取蔬果汁。

4. 打开盖，将榨好的蔬果汁倒入杯中，放入白糖即可。

草莓土豆泥

烹饪时间　15分钟

[原料]

草莓.....................35 克
土豆.....................170 克
牛奶.....................50 毫升

[调料]

黄油、奶酪 .... 各适量

[做法]

1　将洗净去皮的土豆切成薄片；洗好的草莓去蒂剁成泥。

2　蒸锅注水烧开，放土豆片，在土豆片上放黄油。

3　盖上锅盖，用中火蒸 10 分钟，揭开锅盖，取出食材，放凉。

4　把土豆片倒碗中，捣成泥状，放奶酪，拌匀，注适量牛奶。

5　取一小碗，盛入拌好的材料，点缀上草莓泥即可。

豆腐

豆腐的脂肪含量和热量都很低，能够改善人体的脂肪结构，从而有利于减肥。豆腐中的优质蛋白质含量尤其高，在使孩子强身健体的同时还能加速新陈代谢，使脂肪正常分解，避免肥胖。

雪菜末豆腐汤

2人份

烹饪时间　7分钟

QRcode
扫一扫，看视频

[原料]

豆腐块 .... 300 克
雪菜末 .... 250 克
姜片、葱花 .... 各少许

[调料]

鸡粉 .... 2 克
食用油 .... 适量

[做法]

1　锅中注油，烧至六成热，放姜片，倒雪菜末，炒匀。

2　锅中注清水，搅拌匀，盖上盖，煮约 2 分钟至沸。

3　揭开盖，倒豆腐，加鸡粉，拌匀，再盖上盖，续煮约 3 分钟。

4　搅拌均匀，盛出装碗中，撒上葱花即可。

家常豆腐

2人份

烹饪时间 4分钟

[🥄 原料]

豆腐....................300 克
青椒.....................40 克
鸡腿菇..................10 克
葱花......................少许

[🍱 调料]

盐 .... 2 克
老抽.....................2 毫升
豆瓣酱 ....3 毫升
鸡粉...................... 2 克
料酒、水淀粉...... 各适量

QRcode
扫一扫，看视频

[🥄 做法]

1 豆腐切方块；青椒切片；鸡腿菇切丁。

2 锅中倒清水，加盐，放豆腐，煮约2分钟后捞出。

3 热锅注油，倒鸡腿菇、青椒，加料酒，加入清水、老抽、豆瓣酱拌匀，倒豆腐。

4 煮沸后加盐、鸡粉煮1分钟，水淀粉勾芡，淋熟油拌匀，盛出，撒上葱花即可。

黑木耳

黑木耳含有一种植物性胶质，吸附力很强，可以将人体肠胃内部的杂质和毒素吸出，进而排出体外，起到清除宿便、减肥瘦身的作用。黑木耳中的卵脂磷可以降低血清胆固醇，防止血管里脂肪的堆积，进而起到保护孩子血管的作用。

凉拌木耳

 2人份

烹饪时间　1分30秒

QRcode
扫一扫，看视频

[🧂 原料]

水发黑木耳 .... 120 克
胡萝卜 .... 45 克
香菜 .... 15 克

[🧂 调料]

盐、鸡粉 .... 各 2 克
生抽 .... 5 毫升
辣椒油 .... 7 毫升

[🥄 做法]

1　将洗净的香菜切长段；胡萝卜去皮切细丝。

2　锅中注清水烧开，放入黑木耳，拌匀，煮约 2 分钟后捞出。

3　取一大碗，放黑木耳，倒胡萝卜丝、香菜段，加盐、鸡粉。

4　淋生抽，倒辣椒油，快速搅拌一会，至食材入味，盛盘。